코티지와 그린러버의 이야기가 있는
핸드메이드 라이프

행복을 바느질하다

행복을 바느질하다

코티지와 그린러버의 이야기가 있는
핸드메이드 라이프

김지해, 윤정숙 글, 사진

살림Life

contents

natural style

contents

vintage style

나의 바느질 이야기

나 어릴 적 우리 집에는 발판을 발로 밟아 돌리는 드레스 재봉틀이 있었다.

요즘 '앤틱 미싱'이라 부르며 카페 같은 장소의 장식용으로 눈에 띄곤 하는 재봉틀 말이다.

방 한 쪽을 차지하고 서 있던 엄마의 재봉틀은 어린 나의 눈에 참 예뻐 보였다.

인형놀이를 좋아했던 나는 그 재봉틀을 공주가 사는 궁전이라 이름 붙여놓고

둥그스름하게 구부러진 주물 다리 사이에서 놀곤 하였다.

그렇게 엄마의 재봉틀과 놀 때면 나는 동화 속 공주가 되어 있었다.

그 재봉틀이 돌아가는 모습을 제대로 본 적은 없었다.
엄마는 그랬을 것이다.
한 가난한 청년에게 시집을 와 평생 허리 한번 제대로 펴지 못하고
논밭을 일구며 함께 농사를 지으셨다.
새벽 별이 떠 있는 시간에 나가 밤이 늦어서야 집에 돌아오곤 했으니,
그 언제 재봉틀을 발로 굴려 그럴싸한 옷가지를 만들 수 있었을까.
대신 장롱 속에는 곱고 예쁜 천들이 차곡차곡 쌓여만 가고 있었다.
이불을 만들면 좋을 뽀얗고 두툼한 원단도, 치마를 만들기 좋을 복고풍 꽃무늬 천들도,
잘 개켜져 장롱 속에 얌전히 쌓여 있었다.

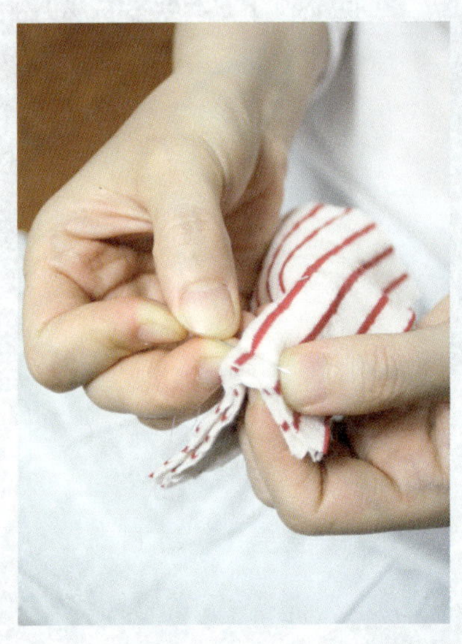

어느 여유로운 날 재봉틀 앞에 앉아 바느질을 하리라,
그렇게 생각하며 엄마는 천들을 하나씩 모아두었을 것이다.
그 중에는 어린 딸내미에게 치마를 만들어줄 천도 있었겠지?

재봉틀과 함께 그 천들 역시 나에게는 좋은 장난감이었다.
엄마 몰래 원단 한 귀퉁이를 오려 내어 장난감 인형 옷을 만들었다.
처음에는 티 나지 않게 아주 조금씩 오려냈지만 제법 솜씨가 생긴 후에는
아예 천을 쫙 펼쳐 놓고 잘라 내기도 했다.
그렇게 잘라 낸 천으로 비단 치마나 하얀 드레스를 만들었다.
물론, 삐뚤빼뚤 서툰 바느질 솜씨로 만든 인형 옷들이다.
하하. 지금 생각하면 정말 천 도둑이 아닐 수 없다.

나의 바느질 놀이는 재봉틀이 공주가 사는 성이 되어주던 때부터 지금까지,
오랜 동안 그렇게 계속 되어왔다.
그리고, 엄마 장롱 속에서 잠자고 있던 고운 천을 잘라 인형 옷을 만들어 주던 내가
이제는 딸 아이의 엄마가 되어 내 아이에게 인형과 옷을 만들어 준다.
내 엄마가 그리하진 못했지만, 참으로 딸에게 선물하고 싶었을 그 옷들, 인형들을…….

내가 바느질을 하는 동안 아이는 그 옆에서 소꿉놀이를 한다.
그러다가 조각조각이 난 천을 모아 갖고 가선 바느질을 하는 시늉을 하며 꼼지락 거린다.
그 모습이 짐짓 진지해 보여 아이를 한참동안 바라보며 나는 웃고 만다.

마당 있는 집에 살다

간단 슬립 원피스

나의 어머니는 내게 그러지 못했지만,

나는 딸을 위해 바느질을 한다.

예쁜 치마, 밤마다 안고 자는 인형,

친구들에게 자랑하며 들고 다니는 작은 손가방까지……

한 땀 한 땀이 모두 나의 사랑이다.

마당이 있는 집으로 이사를 왔다.

사실은 아파트인데, 지대가 높은 곳에 자리하여

1층인 이곳에 작은 정원이 숨어 있다.

정원이라기보단 그냥 아파트의 빈터인지도 모른다.

어쨌거나 나는 이곳을 '행운의 마당'이라 부르며 틈틈이 가꾸는 중이다.

아주 작은 공간이라도 나무와 꽃을 심을 수 있는

화단이 있는 집을 늘 꿈꾸곤 했다.

나의 유년에 녹아 있는 기억처럼,

앞마당에서 누리는 소소한 일상과 추억을 아이에게도 만들어주고 싶었다.

이 집으로 이사 오기 전 해에 그런 곳을 찾아

한 여름 내내 땀을 흘려가며 수없이 많은 집을 보러 다녔다.

나 어릴 적 시골 마당을 떠올린다.

봄이면 앞마당 꽃밭에는 나리꽃 새싹이 올라왔다.

겨울을 나고 올라온 작약이나 접시꽃이 자라 꽃을 피웠다.

여름이면 뒷마당에 있는 포도나무에 포도가 주렁주렁 열렸고

가을에는 향기로운 국화꽃이 꽃밭을 가득 채웠다.

나는 그 꽃밭 옆에서 마당에 금을 그어놓고

땅따먹기를 하거나 고무줄놀이를 하며 뛰어 놀았다.

그 모습은 시골의 아이에게 정말이지 자연스러운 일상이었다.

하지만 요즘 도시 생활에서는 쉽게 누릴 수 없는 풍경이다.

마당 있는 집…….

우리 집 꼬맹이 유수는 이 집을 참 좋아한다.

한번은 남편과 내 집 마련에 대해 열심히 얘기를 나누는 중이었는데,

옆에서 놀고 있던 유수가 껴들었다.

"엄마! 난 이사 가기 싫어! 이 집이 좋아!"

왜 이 집이 좋으냐고 물어보자 이렇게 대답했다.

"우리 집에는 마당이 있는데 다른 집에는 마당이 없잖아! 난 마당이 있는 게 좋아."

마당을 가지고 있는 사람은 마당을 가꾸는 일이 생각보다

손이 많이 간다는 사실을 잘 알 것이다.

게다가 우리 집은 아파트 사람들의 통행이 잦은 1층에 있어

신경이 쓰이거나 불편한 일이 한두 가지가 아니다.

하지만 이 마당이 고마운 공간임에는 틀림이 없다.

봄에 아이와 함께 마당에서 꽃을 나눠 심고,

여름이 되어 푸르러진 마당 풍경을 바라만 보아도 좋다.

또 한여름 소낙비라도 쏟아질 때면 마당의 풀잎마다

빗방울이 떨어지는 소리가 아주 운치 있다.

가을에는 살구나무와 벗나무에 붉은 단풍이 들고,

지난 겨울처럼 눈이 많이 내린 날에는

마당에서 유수와 아빠가 함께 눈사람을 만들며 추운 줄도 모르고 논다.

"유수야, 밖에 눈이 엄청 왔다! 얼른 일어나서 마당 한번 내다 봐."

밤사이 발이 푹푹 빠질 정도로 눈이 쌓인 날이면

오래 전 내 아버지가 어김없이 날 그렇게 깨웠던 것처럼,

나도 내 아이의 귀에 그렇게 속삭이며 아이를 깨우고 싶다.

그리고 이 집에 사는 동안 아이에게

작은 마당에 가득한 풀내음과 같은 추억 거리를 많이 만들어주고 싶다.

one-piece

HOW TO MAKE 104P

＊끈이 달린 슬립 원피스는 한두 개쯤 가지고 있으면 집에서 홈웨어로 입기에 편해요. 주름이 없는 슬립 형태라 원단도 많이 들어가지 않아요. 요즘 다양한 모양과 색깔을 가진 판매용 바이어스가 많으니 구입해서 둘러주면 간단히 만들 수 있어요. 기본 스타일에 허리끈을 달거나 목선에 레이스를 달아주어 약간의 포인트로 변화를 줄 수도 있겠죠?

마당 텃밭 가꾸기

가드닝 양면 앞치마

내 아이가 텃밭을 가꾸며 흙을 대하고

식물을 키우는 법을 자연스레 익혀가고 있다.

제가 거들어준 식물들이 잘 자라는 것처럼

유수도 조금씩 자라는 중이다.

얼마 전, 시골 친정에서 얻어온 고추 모종과
집 근처 화원에서 사온 상추 모종을 큰 화분에 옮겨심기로 했다
지난해에 비하면 참 약소하다.
그때는 마당이 생겼다고 기뻐 얼마나 욕심을 내었는지,
그대로 수확되었으면 족히 채소 가게를 열어도 될 만큼의 양이었다.
고추, 상추, 가지, 오이, 호박, 토마토……
결국 그 많은 종류의 채소를 개미와 진드기에 내어주고 말았지만.
그래서 올해에는 소박하게 조금만 가꾸기로 하였다.

마당 한쪽에 울타리를 치고 텃밭을 가꾸기 위해 흙을 퍼내자,
흙속에서 갖가지 벌레들이 기어 나왔다.
이들의 출현에 유수는 화들짝 놀랐다.

호들갑을 떨며 아빠 뒤로 물러나 징징댄다.

"아빠! 벌레~~~에, 무서워! 싫어!"

"으악! 엄마, 개미! 개미! 개미!"

들고 있던 모종삽을 집어 던지곤 저 멀리까지 도망가 폴짝폴짝 뛰고 있는 녀석.

참으로 시끄러웠다.

흙을 파다 보면 시골 출신인 나도 깜짝 놀랄 만큼 벌레들이 많이 나온다.

그러니 아이는 오죽할까 싶긴 하다.

그래서 유수가 읽는 책 중『찾았다 만졌다, 마당의 벌레』라는 책을 몇 번 읽어주었다.

벌레가 나오면 사실 조금 놀라고 징그럽게 생각하면서

아이 앞이라 태연한 척하는 나와 달리, 책을 읽은 유수가 이제는 더 태연하다.

마치 책 속의 내용처럼 이전의 화분을 드러내자 그 자리에서 공벌레 몇 마리가 나왔다.

"엄마, 이건 공벌레지~이, 공벌레는 나쁜 벌레 아니지~이?"
"아빠, 지렁이는 햇볕 싫어해요. 지렁이한테 흙 덮어줘야겠다!"

처음 거름 냄새를 맡고는 똥 냄새가 난다고 싫어하던 유수가
이제는 "이거 먹고 많이 자라라." 하며 모종삽으로 한 삽을 떠서 꽃밭에 뿌려준다.
거름을 주면 꽃들이 좋아한다는 걸 이제는 알기 때문이다.
내 아이가 텃밭을 가꾸며 흙을 대하고 식물을 키우는 법을 자연스레 익혀가고 있다.
제가 거들어준 식물들이 잘 자라는 것처럼 유수도 조금씩 자라는 중이다.

집안일을 할 때 앞치마를 두르면 기분이 좋다. 그래서 앞치마를 몇 개씩이나 가지고 있다.

하루는 정원을 가꿀 때 쓰려고 가드닝용 양면 앞치마를 하나 만들었는데,

아이도 마당에서 입을 제 앞치마를 만들어 달라고 졸라서 내 것과 세트로 한번 만들어보았다.

내 것은 가슴 앞을 가리는 형태로, 앞면엔 작업복 느낌이 나는 청해지 원단에

수입 라벨 원단을 주머니로 달고, 뒷면엔 화사한 꽃무늬를 덧대 만들었다.

그리고 아이 것은 활동하기 편하도록 허리에 두를 수 있는 앞치마로 만들었다.

앞면은 같은 원단을 사용하였고 뒷면은 블랙 플라워 원단으로 만들어보았다.

Apron

*이렇게 앞과 뒷면에 다른 원단을 대어 양면으로 만들면 하는 일에 따라, 또 기분에 따라 달리할 수 있어서 앞치마를 하는 재미까지 있지요. 지루해지면 뒤집어서 해도 감쪽 같아요. 유수는 엄마와 정원을 가꿀 때에 꼭 앞치마부터 먼저 찾는답니다.

HOW TO MAKE 106P

딸이랑 함께라 더 좋다,
엄마랑 아이랑 커플룩

리넨 스트라이프 원피스&스커트

바람이 살랑살랑 불어오자

옛 기억 속 행복해 보이던 모녀처럼,

우리 얼굴에는 웃음이 번졌다.

괜스레 어깨에 힘이 들어간다.

우리, 커플 옷을 입었어요. 우리 가족 예쁘죠?

결혼을 하기 훨씬 전이었다.

친구들과 어울려 나들이를 간 공원에서

아이와 같은 원피스를 입고 같은 신발을 신은 엄마와 딸, 그리고 아빠, 그렇게 한 가족을 보았다.

하늘하늘한 커플 원피스며 갈색 라탄으로 짠 피크닉 바구니까지 들고

나들이 나온 모습이 정말 예쁘게 보이는 가족이었다.

마치 영화 속 한 장면인 것처럼, 아름다운 그들의 모습이 얼마나 부럽던지…….

친구들끼리 이 다음에 우리도 결혼을 하면 딸을 낳아 꼭 저렇게 한번 해보자며 서로 한마디씩 했더랬다.

물론 '라탄 바구니까지 가지고 나온 건 너무 튄다, 오버다' 하며 우스개 소리도 좀 하였지만 말이다.

결혼이란 내게 먼 나라 이야기인 것 같더니 어느새 세월이 지나 결혼을 하고,
나의 딸 아이는 그때 본 그 꼬마와 비슷한 또래의 나이가 되었다.

문득 나도 그 예쁜 모녀가 되어 보자 싶어
유수와 함께 입을 만한 옷을 사려고 알아보니 정말 똑같이 생긴 커플룩뿐이다.
크기만 크고 작은 옷이지, 정말 똑같다.
신혼여행 때에도 '우리, 이제 막 부부가 되었어요' 티를 내며 입는 커플룩이
쑥스럽고 촌스럽다며 입지 않았던 나로선
아이와 함께 입는 커플룩이라도 내키지 않았다.

판박이처럼 너무 똑같이 입고서

남들의 시선을 받는 일이 영 자신이 없던 것이다.

하지만 그래도 욕심이 나서 서툰 솜씨지만

딸과 나의 커플 옷을 어디 한번 만들어보기로 하였다.

여태 아이 옷은 늘 설렁설렁,

재단 본도 없이 대충 만들어오던 터였다.

비슷한 모양의 아이가 입던 옷을 펼쳐놓고

대강 원단에 그려 만들면 아이 옷은 얼추 완성이 되었다.

그런데 성인인 내 옷을 만들려니 크기가 커서 원단도 많이 들어가고

정확한 본 없이는 모양이 제대로 나오지를 않았다.

몇 번의 실패 끝에 결국 선택한 게 본 없이도 만들기 쉬운 주름치마다.

딸과 너무 똑같이 입는 깃을 좋아하지 않으니 오히려 잘 되었다 싶은 마음이었다.

그래서 아이 것은 원피스 형태로 만들고 내 것은 주름치마로 만든 대신,

원단은 같은 리넨을 사용했다.

모양은 달라도 같은 원단의 옷을 아이와 함께 입으니

유수는 엄마와 똑같은 옷이라며 좋아하고 나도 기분이 제법 새롭다.

그렇게 만든 커플 리넨 원피스와 주름치마를 입고

우리는 가까운 야외로 나들이를 나섰다.

피크닉 라탄 바구니는 생략하고

적당히 햇볕을 가려줄 커다란 밀짚 모자를 같이 쓰는 걸로 만족했다.

바람이 살랑살랑 불어오자 옛 기억 속 행복해 보이던 모녀처럼

우리 얼굴에는 웃음이 번졌다.

괜스레 어깨에 힘이 들어간다.

우리, 커플 옷을 입었어요. 우리 가족 예쁘죠?

아마도 다음 나들이에는 피크닉 바구니에 기다란 바게트 빵까지 넣어

보란듯이 요란하게 챙겨 나가게 될 것만 같다.

하하.

HOW TO MAKE 108P

＊스트라이프 디자인으로 짠 내추럴 빛깔의 리넨으로 뻣뻣하지 않고 부
드러워 여름에 시원하게 입을 수 있어요. 엄마 옷은 주름 스커트로, 아
이 옷은 8부 소매가 달린 원피스로 만들었답니다. 소매는 단추를 달아
걷어 올릴 수도 있도록 덧 장식을 해주었어요.

때론 가볍고 편하게!

내추럴 리넨 크로스 가방

원단으로만

가볍게 만들어 매고 다니는

내추럴 리넨 크로스 가방.

구경 다니는 발걸음도 사뿐사뿐.

영문 레터링이 들어간 리넨 원단을 이용해

간단한 어깨 끈 가방을 만들어보았다.

보통 둥근 형태의 가방은 옆 선 원단을 대는데

이 가방은 단면으로 아래쪽만 약간 둥근 형태를 해서

가방 심지도 접착하지 않고 안쪽에 잔 꽃무늬 원단만 덧대어 만들었다.

아주 심플한 모양에 편안한 리넨 가방이다.

긴 어깨 끈을 몸통과 같은 원단으로 만들어

어깨에 둘러맬 수 있게 만들었다.

끈을 약간 넓게 만들면 어깨가 눌리지 않고 편하다.

디자인이 다소 허전한 느낌이 들어 가방 언저리에다

큼직한 토숀 레이스를 한번 둘러 장식해주었다.

여행지에서 이곳 저곳을 구경 다닐 때

무거운 가방만큼 거추장스러운 것은 없을 것이다.

원단으로만 가볍게 만들어 매고 다니니 구경 다니는 발걸음도 사뿐사뿐.

접으면 납작하게 접히니까

여행가방에 따로 챙겨 넣기에도 참 좋은 아이템이다.

*리넨 원단은 제법 힘이 있는 편이지만 그래도 너무
무거운 소품을 가방에 넣으면 가방이 축 처질 수
있으니 간단한 소품만을 넣어 나들이를 나가세요.

HOW TO MAKE **110P**

41

M & J

딸은 치마를 좋아한다

거즈 스트라이프 스커트 커플룩

엄마가 만들어주는 치마를 유수는 유별나게도 좋아한다.

엄마가 만들어준 보라색 치마를 입고 가면 누가 좋아하고

빨간 치마를 입고 가면 누가 예쁘다 한다고 친구 이름들을 대며,

내일은 뭘 입고 갈까 조잘대는 예쁜 내 딸.

나보다 먼저 딸을 낳은 친구가 이런 얘기를 한 적이 있다.

"어린이집에 갈 때 치마만 입으려 드는 딸아이 때문에
매일 아침마다 아이와 전쟁이다.
너도 지금은 이해가 안되겠지만 곧 그럴 날이 올 거다……."
친구의 아이는 그때 다섯 살이었다.

친구의 예언대로,
'치마 전쟁'은 유수가 다섯 살이 되던 해에 우리 집에도 일어났다.

한겨울 내내 오로지 치마만 입겠다고 고집을 부리는 통에
바지를 입는 아이가 진짜 멋쟁이라는 말로 회유해 보았지만,
나는 '치마 전쟁'의 패배자일 뿐이었다.
유수는 그저, 바지는 제가 좋아하는 옷이 아니란다.

그러던 어느 날은
"엄마, 새싹반 선생님이 추우니까
치마 입지 말고 바지 입고 오래요."

"그래, 거봐! 선생님도 그러시잖아. 그
럼 내일은 바지 입고 가야겠네?"

"시러어~!!"

다섯 살, 여섯 살 여자 아이들에겐
참으로 안 통할 말이다.

유수에게 처음으로 치마를 만들어줬던 날이 기억난다.
아이가 얼마나 좋아하던지, 기뻐 뛰는 모습에 감동까지 받을 지경이었다.
처음 만들어본 치마라 얇은 거즈 원단에 고무줄 하나를 끼워 넣는,
아주 간단한 월남형 치마였는데 잘 때도 벗지 않고 매만지며 자기까지 했다.

얇은 거즈 원단을 속치마 없이 만들었더니
한두 번 빨고는 모양이 흐트러져 결국 입지도 못했다.
그래서 그 이후에도 아이 치마는 계절마다 원단을 달리 해 한번씩 만들고 있다.
엄마가 만들어 주는 치마를 유수는 유별나게도 좋아한다.

엄마가 만들어준 보라색 치마를 입고 가면 누가 좋아하고

엄마가 만들어준 빨간 치마를 입고 가면 누가 예쁘다 한다고 친구 이름들을 대며,

내일은 뭘 입고 갈까 조잘대는 예쁜 내 딸.

안 그래도 치마를 좋아하는 아이인데 엄마가 그 옷을 만들어주니 얼마나 좋을까.

늘 옷 본 없이 대강 감으로 만드는 덜렁이 엄마인지라 때로는 몸에 달라붙게도 만들고,

또 너무 크게도 만들어 우스꽝스럽게 보일 때도 있는데 엄마가 만들어준 건 그저 다 예쁘다 한다.

가만 생각해보면 여태 바지를 만들어준 적은 없다.

이 참에 바지를 한번 만들어주면 어떨까?

엄마가 만든 건 뭐든 예쁘다고 했으니 엄마가 바지를 만들어줘도 좋아하려나?

그래, 드디어 치마 전쟁을 종결시킬 때가 왔다!

다음에는 예쁜 체크 무늬 원단을 사용해 고무줄 바지를 한번 만들어봐야겠다!

Spripe Skirt

HOW TO MAKE 112P

*기본형 주름 스커트 형태에서 원단을 한번 더 재단해 2단으로 주름 잡아 만드는 스커트예요. 아이와 함께 집에서나 간단한 나들이에 입을 수 있는 스커트로 거즈 원단을 좋아해서 옷에도 이렇게 거즈 원단을 자주 이용한답니다. 아이 치마는 더블거즈를 이용해 주름을 조금 더 많이 잡아 만들어주면 속치마 없이도 한여름 내내 시원하게 입을 수 있답니다. 엄마 것에는 안에 흰색 거즈로 속치마를 한번 더 대거나 속치마를 따로 만들어 입어주세요. 그러면 비칠 염려가 없겠죠?

서툰 바느질 솜씨도 감춰주는
블랙워치

컨트리 블랙워치 원피스

조금 서툰 실력이

크게 티 나지 않는 원피스를

아이에게 만들어줄 수 있다.

초보자나 나같이 바늘만 잡으면

설렁설렁 뜨는 이에게 특히 더 추천!

짙은 그린 컬러에 어두운 블랙 톤의 컬러가 서로 다른 크기의 타탄 체크로 믹스된

이 원단을 블랙워치라 한다.

몇 해 전부터 유행하고 있는 컨트리 스타일이나

일본의 리넨 스타일 바느질거리를 대하다 보면 이 블랙워치를 많이 보게 된다.

블랙워치 원피스, 블랙워치 가방, 블랙워치 이불, 그리고 각종 소품들…….

블랙워치 원단이 쓰이지 않은 곳은 없는 것만 같다.

이 원단을 잘 모르다가 막상 접하게 되면 많은 이들이

70년대 교복 원단 같다면서 촌스럽다고 실망하곤 한다.

하지만 블랙워치의 매력을 아는 사람들은

이 친구가 얼마나 사랑스러운 원단인지를 알 것이다.

너무 교복 같은 느낌을 피하고 싶다면

오트밀색 리넨과 매치하여 한결 고급스럽게 연출할 수 있다.

또 잔잔한 꽃무늬와 매치하면

어느새 귀여운 단발머리 소녀의 느낌을 낼 수 있다.

초보자나 나같이 바늘만 잡으면 설렁설렁 뜨는 이에게 특히 더 추천이다.

약간 서툰 바느질에도 '그게 핸드메이드의 매력이지' 하며

못난 바느질 솜씨를 살짝 감춰주는 것 또한 블랙워치 원단이기 때문이다.

가볍게 바느질을 하는 나도 이렇게 조금 서툰 실력이 크게 티 나지 않는 원피스를

아이에게 만들어줄 수 있으니 말이다.

광목과도 자연스레 잘 어울려

레이어드용 광목 속치마와 함께 코디해 아이에게 입히면 더 예쁘다.

＊집에서 홈웨어로 입으려고 더블거즈 원단을 이용해 아이 것과 내 것으로 레이어드 블랙워치 원피스를 만들었어요. 여행을 떠날 때도 챙겨가 옷 위에 카디건만 하나씩 걸쳐주니 나들이복으로도 손색이 없더라고요.
같은 디자인인데 이번에도 아이 것에만 라운드넥에 맞는 둥근 칼라를 만들어 달아 변화를 주었어요. 한결 더 귀여운가요?

HOW TO MAKE 114P

Cottage
Garden
geranium
Water Coin
Muehlenbechia
Pelargonium

홈웨어로, 레이어드룩으로?

광목 레이어드 속치마

광목 원단으로 처음 이불 세트를 만들었을 때,

남편은 천에 까만 게 많이 있다며 뭐가 묻은 것이냐고 물었다.

일반 흰 면들은 목화씨를 모두 제거하고

각종 표백 가공을 거쳐 나온 것이란다.

광목이 '자연에 가까운 원단'이라는 사실을

사람들이 많이 알아주었으면 좋겠다.

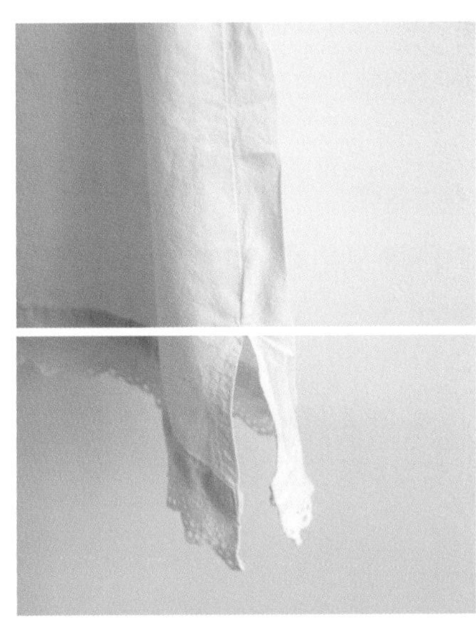

내가 중·고등학생 때에는 광목으로 만든 커튼이 교실 창마다 걸려 있었다.

요즘 교실의 모습도 그런가?

별다른 모양 없이 잔주름도 많고, 흰색은 아니요,

그렇다고 누런 색도 아니었던 광목 커튼……

그래도 두 장의 양쪽 끝자락을 잡아 올려 가운데서 매듭지어 묶어놓으면

깔끔하니 이상하게도 예뻐 보이던 커튼이었다.

요즘 이것저것을 만들며 광목 원단을 다시 접하게 되곤 하는데,

많은 사람들이 누런빛의 이 원단을 왠지

칙칙하다, 청승맞다고 생각한다는 사실을 알게 되었다.

하지만 나는 학창시절 교실의 그 커튼 때문인지 이 광목 원단이 좋다.

아련한 향수를 불러 일으키는 광목 원단은

일부러 염색이나 가공을 새하얗게 하지 않은 것으로

자세히 들여다 보면 원단에 작고 까만 점이 콕콕 박힌 게 보인다.

이게 목화씨 껍질이 그대로 남아 있는 거란다.

광목 원단으로 처음 이불 세트를 만들었을 때,

남편은 천에 까만 게 많이 있다며 뭐가 묻은 것이냐고 물었다.

일반 흰 면들은 목화씨를 모두 제거하고

각종 표백 가공을 거쳐 나온 것이란다.

광목이 '청승'이 아니라 '자연에 가까운 원단'이라는 사실을

사람들이 많이 알아주었으면 좋겠다.

처음에는 누르스름하던 광목 원단의 제 색도 쓰면서 빨면 빨수록 자연스레 뽀얘진다.

나중에는 목화씨도 조금씩 씻겨 나가 원단이 부드러워진다.

그걸 보면 마치 원단이 숨을 쉬고 있는 것도 같다.

우리 아이는 다행히 아토피가 없지만, 아토피가 있는 아이나 피부가 민감한 사람들에게는

형광표백제로 범벅이 된 흰 면보다 광목을 써보라 권해주고 싶다.

광목으로 이불도 만들고, 커튼도 만들고, 또 아이 옷도 만들면 제법 몸에 이로울 것이다.

*광목 원단을 이용해 만드는 레이어드용 속치마
예요. 집에서는 편하게 홈웨어로 입고, 외출 때에
는 다른 원피스 안에 레이어드용으로 코디해 입을
수 있죠. 레이어드를 해서 입을 원피스의 길이보
다 6~8cm 정도 더 길게 만들어 입으면 된답니다.
끝 단에 광목 레이스나 같은 원단의 프릴을 만들
어 달아주면 더 예뻐요. 주름이 들어가지 않으므
로 원단도 많이 들지 않고 만들기도 간단해 하나
쯤 갖고 있으면 활용성도 높다는 사실!

HOW TO MAKE **116P**

꼬마 예술가의 카메라 가방

아이의 휴대용 미니 카메라 가방

어릴 때부터 아빠, 엄마의 카메라를 갖고 놀며

셔터를 눌러대던 유수에게

마음껏 사진을 찍으라며 미니 카메라를 선물로 주었다.

아이들은 역시 자기 것이라고 하면

무지 좋아한다.

남편과 나는 둘 다 사진 찍는 걸 좋아해서 집에 카메라가 몇 대나 있다.

아버님이 사용하시던 오래된 필름 카메라도 있고,

또 남편이 총각 때 사용하던 필름 카메라와 내가 주로 사용하는 디지털 카메라, 작은 캠코더,

그리고 휴대하기 편한 미니 디지털 카메라까지 하나 있다.

어릴 때부터 아빠, 엄마의 카메라를 갖고 놀며 셔터를 눌러대던 유수에게

마음껏 사진을 찍으라며 그 중 미니 카메라를 선물로 주었다.

아이들은 역시 자기 것이라고 하면 무지 좋아한다.

미니 카메라는 가벼워서 사용하기도 편하고,

아이가 떨어뜨릴까 호들갑을 떨며 불안해 하지 않아도 되니 안심이다.

놀러 갈 때면 유수가 카메라를 편하게 들고 다닐 수 있도록

긴 끈 형태로 카메라 가방을 하나 만들어주었다.

누빔지를 대어 만드는 것도 좋은데, 누빔지 대신 의류용으로 주로 쓰이는

다이마루 원단을 양면으로 두 겹을 겹쳐 이용해 만드니

부드러우면서도 두께감이 있어 카메라 보호를 위해서 적당한 것 같다.

거기에 심플하게 가죽 끈을 달고 예쁜 단추 하나를 포인트로 달아주었다.

* "엄마, 내가 엄마 사진 예쁘게 찍어 줄게요."
유수의 카메라 가방입니다.

HOW TO MAKE 118P

꿈이 자랍니다!
아이의 원목놀이집

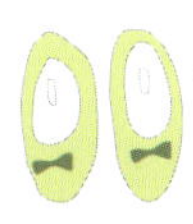

유수의 그린 게이블즈

초록 지붕…….

하얀 벚꽃이 하늘 가득 눈 내리듯 흩날리고 양 갈래 땋은 머리를 찰랑이며

뛰어 다니던 빨강머리 앤의 모습이 눈에 선명하다.

'주근깨 빼빼 마른 앤'이 꿈을 꾸고

상상의 나래를 펼치며 살았던 언덕 위의 초록 지붕,

그린 게이블즈.

우리 집 거실에 들어서면 거실 베란다 뒤로 푸른 마당이 보이고
마당이 보이는 거실 창 앞에 커다란 집 한 채가 눈에 들어온다.
크기가 커서 한쪽 문으로는 통과하지 못해 마당이나 베란다에서 만들지 못하고
거실 한 가운데서 먼지를 풀풀 날리며 며칠 동안 만들고 나서야
그냥 그 자리에 자리 잡아준 집이다.

초록 지붕……, 바로 유수를 위한 그린 게이블즈.
내가 어린 시절 보았던 텔레비전 만화 속 그 집이다.
하얀 벚꽃이 하늘 가득 눈 내리듯 흩날리고
양 갈래 땋은 머리를 찰랑이며 뛰어 다니던 빨강머리 앤의 모습이 눈에 선명하다.
'주근깨 빼빼 마른 앤'이 꿈을 꾸고 상상의 나래를 펼치며 살았던 언덕 위의 초록 지붕, 그린 게이블즈.
유수를 위해서 아빠와 엄마가 만들어준 것이다.

처음 목공을 배울 때부터 이후에 꼭 아이 놀이집을 하나 만들어주자 속으로 다짐했었는데,
이 집으로 이사를 오고 아이가 다섯 살이 되던 해에 정말 약속을 지키게 되었다.
사실 아이의 놀이집을 만들고자 결심하고 견적을 내봤을 때,
들어갈 나무의 자재비며 공간 문제, 이외의 여러 가지 문제들로 많이 망설였었다.
최소한의 비용으로 줄여보려 여러 번 디자인과 크기도 수정하고
결국 집에 있던 떨어진 문짝과 자투리 나무까지 활용하게 되었다.
그렇게 최종 도안을 만든 후 부족한 나무를 주문해 집을 짓기 시작했다.
페인팅을 하는 과정은 유수에게도 좋은 경험이었을 것이다.
유수도 아빠를 도와 직접 칠을 하며 자기 집을 맞는 즐거움을 만끽했으니 말이다.

유수는 그린 게이블즈에서 벌써 네 번의 계절을 맞았다.

그리고 계절의 변화만큼 유수네 집안 살림도 하나씩 늘어갔다.

그 동안 이곳에서 유수는 맛난 요리를 하는 셰프가 되었고,

엄마가 좋아하는 커피를 타주겠다며 바리스타가 되는 날도 있었으며,

겨울에는 고소한 붕어빵을 파는 붕어빵 아줌마로 변신하기도 했다.

또 꽃집 아가씨가 된 날에는 예쁜 꽃을 가꾸거나 화분에 물을 주기도 했다.

때로는 그 안에서 책을 읽었고 천정을 바라보고 누워

작은 굴뚝을 바라보며 공상에 잠겼다.

엄마에게 호된 잔소리를 들은 날은 토라진 채 자기 집으로 들어가선

커튼을 치고 누워 있다가 씩씩거리며 잠들기도 했다.

그린 게이블즈는 유수에게 멋진 놀이터이자 휴식처,

무엇보다 유수의 가장 큰 자랑거리가 되었다.

"우리 집에 내 집 있어요. 우리 아빠가 만들어준 집이에요.

우리 아빠가 싱크대도 만들어줬어요!"

목소리엔 아주 힘이 들어가 있고 어깨는 으쓱해 들썩거리는 게 눈에 다 보인다, 녀석.

아이에게 해준 선물 중에 가장 잘한 것이 있다면
역시 이 그린 게이블즈를 지어준 일인 것 같다.
시간이 가면 조금씩 허리를 더 굽히고 몸을 웅크려
집에 들어가야 하는 나이가 되겠지…….
그때에도 유수가 가장 좋아하는 놀이터가 되고
상상공장이 되고, 또 멋진 추억의 장소가 되겠지.
뾰족한 초록 지붕 아래 살았던 해맑던 아이,
빨강머리 앤처럼 마음껏 상상하고 꿈꾸렴, 내 딸!

HOW TO MAKE 119P

＊ ˝새싹이 자라요˝
　 새싹이 자라고 있습니다. 그린 게이블즈의 집주인,
　 유수도 자라고 있습니다.

텔레비전이 사라진 거실

호빵 쿠션

텔레비전이 없으면 아이가 많이 보채고 짜증을 낼 거라 생각했던

나의 예상은 다 빗나갔다.

햇살이 창가에 가득하고 바람도 살랑살랑 부는 날,

큼지막한 쿠션에 기대 책을 읽는 아이의 모습을 보고 있다.

바람이 흔들고 간 풍경 소리가 더 은은하게 퍼진다.

평화로운 지금 이 시간이 꿈을 꾸는 것처럼 아름답다.

새로 집을 장만해 이사한 친구네 집을 유수와 함께 다녀왔다.

요즘 유행에 맞춰 디자인한 내추럴 인테리어며, 조금 무리했다며

거실 전체 벽면에 커다란 원목 책장을 짜 놓은걸 자랑삼아 보여주기도 했다.

예쁜 집을 좋아하는 유수는 여기저기 둘러보며 집주인보다도 나서서

"이것 봐요. 여기도 봐요." 하며 내 손을 끌고 다녔다.

특히 이층 침대가 있는 방을 부러워하며 친구 아이와 실컷 놀다가는 집으로 돌아왔다.

그리고 그 날 저녁 제 아빠가 퇴근하여 돌아오자 아빠에게 다가가 한마디 한다.

"아빠, 그런데 유리 이모네는 텔레비전이 없어요! 이모네는 왜 텔레비전이 없어요?"

모든 집에 다 있는, 집안의 기준이 되듯 거실 중앙을 차지하고 있어야 할 텔레비전이
친구네 집에는 없었으니 그것이 아이 눈에는 얼마나 이상했을까?

그 이후 우리 집 거실에서도 텔레비전이 사라졌다.
몇 번이나 텔레비전를 치워버리자고 생각해왔지만 텔레비전이 없는 거실을
나 역시 겪어본 적이 없으니 자신이 없었더랬다.
그러다 내 일이 바빠졌고, 그만큼 유수가 텔레비전을 보는 시간이 늘어났다.
이제는 리모콘 조작법을 다 익혀 엄마 허락 없이도 여기저기 채널을 돌려가며
원하는 시간에 원하는 프로그램을 마음껏 보는 아이와
신경질적으로 실랑이를 하는 시간이 늘어나서 더 이상은 안 되겠다 싶었던 것이다.
그렇게 텔레비전을 치웠다.

거실에서 텔레비전이 사라진 지 몇 달이 지났고, 이후 우리 집의 거실 풍경은 많이 변했다.

늘 쫑알거리는 유수의 목소리에 텔레비전 볼륨이 겹치면

으레 아이에게 조용히 하라며 나무랐던 일이 없어졌다.

저녁을 먹고 나면 습관처럼 틀어 놓은 텔레비전에 바로 눈을 돌리는 대신

유수와 게임 하나를 더 하거나 새로 배워 온 아이의 노래를 한 곡 더 들어주었다.

또, 같이 마주 앉아 종이 접기를 하거나 그림 그리는 일이 잦아졌다.

텔레비전이 없으면 아이가 많이 보채고 짜증을 낼 거라고 생각했던 나의 예상은 다 빗나갔다.

'그 드라마 재미있던데……. 뉴스는 봐야하는데……' 하는

나보다도 유수는 오히려 더 빨리 텔레비전에 대한 집착을 떨쳐냈다.

텔레비전이 사라진 거실에 유수를 위해 커다란 호빵 쿠션을 하나 만들어놓았다.

제 몸만해서 거기에 누워 책을 읽기도 하고 인형 놀이도 하고

종이접기도 하라고 제 자리를 하나 더 만들어준 것이다.

햇살이 창가에 가득하고 바람도 살랑살랑 부는 날,

큼지막한 쿠션에 기대 책을 읽는 아이의 모습을 보고 있다.

바람이 흔들고 간 풍경 소리가 더 은은하게 퍼진다.

평화로운 지금 이 시간이 꿈을 꾸는 것처럼 아름답다.

HOW TO MAKE 120P

사랑을 덮어주다

빈티지 아사&타월 블랭킷

아이들은 잘 때 이불을 잘 덮으려 하지 않는다.
왜 그리 발로 차 대는지 원.

잠버릇이 요란한 아기에게 아이용 블랭킷이 있으면
가볍게 덮어줄 수 있어 좋다.

뱃속에 아이를 가졌을 때,

배냇저고리와 속싸개를 비롯하여 출산용품을 여러 가지 만들어두었다.

그때는 내가 바느질을 할 줄 아는 때가 아니었기에

인터넷으로 DIY패키지를 구입해 거기에 있는 설명대로 하나씩 만들었더랬다.

고등학교 때 가사 시간에 수업으로 블라우스를 만들거나 떨어진 단추를 다는 정도의

바느질 외에 무언가를 만드는 것은 처음이었던 것 같다.

그때 아이 속싸개를 보들보들한 거즈 원단과 타월 원단으로 만들었는데

거즈 원단이 주는 부드러움과 타월 원단의 보송보송함이 어찌나 좋은지

아이가 태어나 여기에 쏙 감싸질 것이라는 생각을 하니

만들면서도 미소가 절로 지어졌다.

그래서 바느질을 시작한 후부터 내가 자주 만드는 것 중 하나가

속싸개, 그러니까 블랭킷(담요)이다.

아이들은 왜 그럴까? 잘 때 이불을 잘 덮으려 하지 않는다. 왜 그리 발로 차 대는지 원.

잠버릇이 요란한(?) 아기에게는 아이용 블랭킷이 있으면 가볍게 덮어줄 수 있어 좋다.

작은 누빔 이불도 있지만, 누빔 이불보다 이렇게 거즈나 아사 원단의 뒷면에

타월 원단을 대고 만든 블랭킷이 좋은 이유는,

아이 몸에 부드럽게 착 감겨서 발로 잘 차지지 않는다는 거다.

그래서 발로 차다 뜻대로 되지 않아 배 부분에 이불이 돌돌 말려 자는 모습을 보기도 한다.

하하, 귀여워라.

몸에 감겨도 부드럽고, 통기성이 좋은 원단들이니

아이가 답답할까 봐 걱정할 것도 없고 배를 따뜻하게 감싸주니 아이에게 좋다.

*아이가 클수록 크기도 조금씩 크게 해 다시 만들어 선물하세요. 작아진 것은
차에서 덮는 간이 블랭킷으로 사용하면 되겠죠? 여름에는 부드러운 아사 원단
이나 거즈 원단을 이용하여 가볍고 통기성이 좋은 이불로, 겨울에는 광목 원단
이나 더블거즈 원단에 누빔지를 넣고 만든 작은 이불로 쓰면 좋답니다.

HOW TO MAKE 121P

아이와 함께 인형 만들기

유순이, 메리 인형 만들기

천에다 바느질을 한 땀 한 땀 시작한다.

남편도 아이도 곤히 잠이 든 밤,

오롯이 나만의 시간을 갖게 되었다.

늦은 밤, 저녁 내내 쫑알거리던 아이를 재우고서

거실에 반짇고리 바구니를 꺼내 놓고 앉았다.

아까 아이 앞에서 새 인형을 만들어주겠다며 본을 그려 놓은 천에다

바느질을 한 땀 한 땀 시작한다.

남편도 아이도 곤히 잠이 든 밤, 오롯이 나만의 시간을 갖게 되었다.

낮에는 줄곧 듣는 음악도 이 시간에는 일부러 꺼둔다.

이런 시간에는 가끔 음악도 방해가 되는 것만 같다.

연하게 물처럼 탄 커피나 구수한 메밀 차 한 잔이면 족한 시간이다.

거실 탁자 위에는 아이가 어린이집에서 갖고 온 교구가
주인 잃은 신발처럼 덩그러니 놓여 있다.
엄마랑 해보고 싶다고 졸라댔었는데 자러 가기 전에
잠깐 놀아주었으면 좋았을 걸 싶은 마음에 미안해진다.

배워온 것들은 엄마에게 다 알려주고 싶어하는 우리 집 꼬맹이 유수,
엄마한테 자랑 삼아 설명해주고 같이 놀고팠을 텐데…….
잘 두었다가 내일은 꼭 같이 해주어야겠다.

바늘에 다시 실을 꿰고 한 땀을 놓았다.

밥 먹을 때면 자주 산만해지는 딸아이,

하루 중 아이의 이름을 가장 많이 불러야 하는 식사 시간.

오늘도 역시 어르고 달래고 엄포를 놓거나 협박하며 짜증을 냈다.

맛있게 먹어야 할 밥을 저녁마다 이렇게 시끄럽게 먹도록 해야 하니 속이 상한다.

이럴 때에는 화내지 말고 방관해야 한다던데,

결국 오늘도 똑바로 앉아라, 어서 밥 먹어라, 화를 냈으니, 휴…….

바늘땀에 매듭을 짓고 다시 실을 꿴다.

스스로 행동하도록 불러 놓고 기다려주자,

마음 속으로 몇 번이나 다짐했는데도

나는 또 아이를 채근했구나, 뒤돌아본다.

아이 얼굴만 보면 '얼른 밥 먹어라, 밥 먹어라!'

밥 타령을 하며 아이를 볶아대는 나를 돌아본다.

어느새 인형 몸통 바느질을 다 마쳤다. 그만 자야지.

내일은 아이와 재미있게 놀아주고 함께 앉아 몸통에 솜을 넣어야겠다.

＊커다란 안경 낀 엄마를 그린 유수의 그림이 넘 귀여워
그 그림을 참고해 '엄마 인형'으로 만들었습니다.

HOW TO MAKE 122P

엄마가 만들어주는 작은 선물

소품&액세서리

달콤한 사탕보다, 알록달록 아이스크림보다

더 행복하고 예쁜 선물.

엄마가 만들어주는 작은 선물.

소중한 추억이 될 아름다운 선물.

토분 핀 쿠션 만들기

평소 토분을 좋아해서 크기 별로 토분을 잘 사둔다.

토분은 처음에 사면 낡은 느낌 없이 매끈하다.

그런데 나는 그런 샌님 같은 느낌을 싫어한다.

더러 부딪쳐 이도 나가 있고 긁힌 자국도 좀 많이 나 있는,

또 사용할 때에는 물 때문에 푸른 물이끼도 좀 껴 있어야 한다.

그래서 토분을 사면 금방 쓰지 않고 마당에 내어 놓거나

베란다에 두고는 자연스럽게 낡아지길 기다린다.

지금도 어중간한 크기의 토분 몇 개가 나의 손길을 기다리며 대기하는 중이다.

그래서 그 토분에 자투리 천을 이용해 핀 쿠션을 만들어주었다.

동그랗게 솜을 넣고 조각 천에 잎사귀 모양도 만들어 꿰매준 뒤

토분 안에 쏙 밀어 넣었더니 아주 귀여운 핀 쿠션 화분이 되었다.

재미난 모양에 유수가 엄청 좋아라 한다.

안 그래도 유수의 그린 게이블즈에 놓아줄 예정이었는데

일찌감치 제가 다 들고 집으로 들어가더니 꽃집 아가씨 놀이를 시작한다.

"엄마아……." 아이의 느리고 길게 떨리는 음성이 들린다.

아이가 저렇게 느리게 나를 부를 때에는 꼭 뭔가 일이 벌어진 후라는 걸 나는 안다.

"엄마…… 내가…… 엄마가 만들어준 꽃 화분에 코피 떨어뜨렸어요. 어떡해요!"

이럴 때만 나오는 높임말까지, 녀석, 꽤 놀랐나 보다.

상황을 보니 바로 좀 전에 만든 토분 핀 쿠션 위에 코피 한 방울이 떨어져 있다.

아이는 제 코에서 나는 코피보다도 엄마가 오후 내내 조물거리며 만들어준 핀 쿠션에

코피를 떨어뜨린 게 더 걱정이었던 모양이다.

코딱지를 후비다 떨어진 유수의 코피.

요맘 때 아이들이 자주 그러다 생기는 일이라 크게 문제 되지는 않아 다행이다.

괜찮다. 토분이 낡아져서 더 멋있듯 만든 소품들도 아껴 모셔두고 사용하지 않는다.

'마음껏 갖고 놀아라! 핸드메이드라면 손때도 타야 더 멋있어지는게 아니겠니?'

그러다 어느 날은 유수가 화분째로 하나를 깨먹었다.

괘, 괜찮다. 다행히 토분도 하나 더 남아 있으니까.

하, 하하…….

*늘 푸릇푸릇하고 예쁜 새싹을 볼 수 있는
유수의 패브릭 토분.

HOW TO MAKE **124P**

구슬 목걸이 만들기

나는 아이에게 화려한 액세서리를 잘 사주지 않는다.
알록달록한 색깔에 화려한 느낌의 액세서리를
내가 좋아하지 않는 탓일 거다.

마트에 갔다가 아이가 직접 고른 캐릭터 목걸이를 두어 번 산 적이 있는데,
주말 나들이나 친구 모임을 앞두고 외출 준비를 할 때에는
아이도 제 마음에 드는 옷에다 그 목걸이를 고집하곤 했다.
그러면 엄마와 아빠, 그리고 아이 사이에 잠깐의 실랑이가 벌어진다.
나와 남편은 캐릭터 목걸이는 하지 않았으면 하고
아이는 예쁘다며 하고 가려는 것이다.
내가 안 했으면 하는 이유는 내가 골라서 입힌 내추럴한 옷과 그 목걸이가
어울리지 않는다는 생각 때문이고 남편이 아이를 말리는 이유는 아이들 장난감,
특히 장신구 반지나 목걸이에서 납 성분이 많이 검출된다는 뉴스 때문이다.
나는 납 성분, 그러니까 남편의 이유는 왠지 유난이다 싶다고 생각되고
그저 옷에 어울리지 않는다며 아이를 달래본다.
그러나 결국 아이가 캐릭터 목걸이를 목에 걸고 유유히 현관문을 나서는 걸로 실랑인 끝이 나고 만다.
아이들이 캐릭터 액세서리를 좋아하는 건 어쩌면 당연하다.
납 성분이니 뭐니 해도 다른 아이들도 그렇듯,
여자 아이들은 마법 소녀나 공주 그림이 그려진 액세서리를 하고 다니길 좋아한다.

그러다 어느 날 액세서리를 자주 만드는 블로그 이웃에게서

직접 만든 가는 끈에 빗 모양 나무 장식으로 된

아이 목걸이를 선물 받은 적이 있었는데 참 예뻐 인상적이었다.

단순한 디자인이었지만 아이 역시 이모가 만들어준 선물에 기뻐했고

그 목걸이는 내가 만든 내추럴한 아이의 옷들과 참 잘 어울렸다.

그 이후, 나 역시 아이 목걸이를 만들어보자 싶어 재료 쇼핑몰에서 이것저것 주문을 해보았다.

나무 구슬이나 천연석 재료 구슬은 다 비슷한 것 같아도 가만 들여다 보면

오묘한 색깔이 저마다 다르고, 동글 납작 모양도 조금씩 다르게 생겼다.

목걸이나 팔찌 같은 경우는 실에 꿰기만 하면 되니 쉽게 예쁜 구슬 목걸이를 만들 수 있다.

구슬을 아이와 함께 한 개 한 개 줄에 꿰며 도란도란 이야기도 나누고

어느 정도 구슬이 꿰어지면 엄마, 애기 애벌레 놀이도 하고

또 누가 더 빨리 꿰나 내기도 해본다.

손가락을 많이 사용하거나 손가락 끝의 감각을

많이 움직여주면 두뇌활동이 활발해져

똑똑한 아이가 된다던데…….

구슬을 꿰어 목걸이 만들기를 좋아하는 유수,

머리가 너무 좋아지는 건 아닌지 모르겠다. 하하!

*유수는 목걸이를 만들 때
굉장히 진지해진답니다.

HOW TO MAKE 125P

헤어 액세서리 만들기

딸아이는 나를 닮아 머릿결이 가늘고 숱이 적다.

여자의 스타일에서 헤어스타일이 반을 차지한다는 말까지 있듯,

머리 숱이 적은 것에 한 아닌 한이 많았던 나는

딸을 가졌을 때 머리 숱만은 나 아닌 남편을 닮아 나오길 바랬건만

결국 그러지 못했다.

머리를 밀어주면 숱이 많아진다고 하여 백일 전후로

아이의 배냇머리를 밀어주는 엄마들도 많다.

하지만 유수의 많지 않은 머리카락을 잘라내는 게 아까워

배냇머리조차 자르지 않았던 우리 부부였다.

그런데 두 돌이 되어 갈 즈음 부산에 놀러 갔다가

할머니 손에 이끌려 간 미용실에서 꼬맹이 머리가 싹 밀린 일대 사건이 있었다!

그때 사진을 보면 지금도 우습고 또 안타까운 생각이 든다.

눈물을 뚝뚝 흘리며 머리를 깎고 달달한 아이스크림 하나에 머리카락이 잘려나간

어색함을 달래던 유수의 모습을 잊을 수가 없다.

물론 속설이 틀렸다는 걸 증명하듯 그 이후로도 유수의 머리숱은 많아지지 않았다.

머리숱이 적은 아이를 둔 엄마들은 누구나 알고 있을 거다.

아이 머리에 헤어핀을 해주는 데에 제약이 참 많다는 것을…….

크고 무거운 집게 핀은 금세 흘러 내리고 큰 리본이 달린 예쁜 핀을 해주고 싶어도

장식이 클수록 머리에 고정이 안 된다.

여자 아이들이 매일같이 머리에 하는 게 장식 핀이라

유수는 큼직한 리본 핀도 머리에 달고 싶어하는데 말이다.

아이 머리핀을 가만 보며 생각을 했다.

리본을 크게 해도 뒤쪽에다 자동핀이 아닌 똑딱이 핀이나 집게 핀을 달아주면 되겠다 싶었다.

갖고 있던 리본으로 하나 만들어보니 그게 생각 보다 쉽고 근사했다.

그리고 나서 몇 개를 더 만들었다.

그리고 재미가 붙으니 그 다음날은 남은 조각 천을 꿰매 만들거나

레이스, 액세서리 부재료 등을 주문해 머리띠와 머리 방울도 만들었다.

갑자기 확 늘어난 액세서리.

매일 아침마다 옷에 따라 다른 걸 해서 어린이집에 보냈더니

하루는 선생님이 "요즘 어머님, 액세서리 만드는 부업하세요?

유수가 매일마다 핀 자랑이 늘었어요." 하시는데…….

아, 갑자기 얼굴이 화끈거린다.

*요즘은 어른들도 큼직한 리본 머리띠
를 하고 다니던 걸요. 유행인가봐요.
아이들은 리본을 정말 좋아해요

HOW TO MAKE 126P

간단 두건 겸용
스카프 만들기

부드러운 면이나 거즈 원단으로 요런 네모난 스카프를 만들어두면

두건으로, 간절기 목 감기 방지용 스카프로 두루 사용할 수 있다.

나 같은 경우에는 머리를 묶는 걸 좋아해서

그냥 머리 묶을 때에도 편하게 사용한다.

간단한 만큼 저렴하게 구입하는 것도 좋지만 옷을 만들고

남은 천이 있다면 이렇게 만들어 쓰는 것도 재미가 쏠쏠하다.

기본으로 말아 박는 방법 외에도

가장자리를 따라 레이스를 달아주면 스카프로도 제법 예쁘다.

＊토끼 메이에게도 두건을 만들어 줄까요?

HOW TO MAKE **127P**

98

＊기본 주머니 만든 방법을 익힌 후에 원단 매치나 디자인을 조금씩 달리해 여러 종류의 주머니
를 만들 수 있답니다. 이렇게 만든 주머니는 선반 걸이에 걸어 두면 멋진 장식효과도 가지게
되지요.

다용도 패브릭 주머니

손바느질로도 쉽게 만들 수 있는 끈 조리개 패브릭 주머니이다.

아이들 방에 한두 개쯤 만들어 걸어두면 장식 역할도 톡톡히 하면서

자잘한 장난감이나 소품을 담아 보관할 수 있으니 일석이조다.

크기나 원단을 달리하여 몇 개 만들어두면 여행 갈 때

양말이나 속옷 등을 넣어 분리해 담아가기도 편리하다.

＊네모난 필통 속에서 연필끼리 부딪치며 내던 소리가 기억납니다. 우리들 어릴 때에는 각진 필통이 대부분이었죠. 크래프트 재생 용지 느낌의 원단으로 만든 필통은 사실 알록달록, 화려하진 않지만 수수하고도 정겨운 느낌이 있어요. 그래서 아이에게 만들어 주다 욕심이 나 제 것도 하나 더 만들었답니다.

HOW TO MAKE 130P

종이 재질 원단으로 만든 필통

꾸미지 않은 듯 자연스러워 크라프트 종이를 좋아하는데

그런 크라프트 재질의 원단도 있다.

크라프트 재생 종이 느낌의 원단이라 약간 질박하면서도

부드러운 느낌도 있고 또 만지면 사그락사그락 소리도 난다.

이런 종이 재질의 원단을 이용해 만든 필통은

차가운 금속 필통이 아니여서 낡으면 낡은 대로,

때가 타면 때가 타는 대로 멋있을 것 같다.

조금 크게 만든 사각 필통에는 여러 자루의 연필을 담을 수 있어 편리하다.

여행 갈 때나 할머니집에 갈 때에는

큰 필통은 아이가 좋아하는 색연필들을 골라 몇 개씩 담아 다니고

작은 필통은 책과 함께 가방에 휴대하기에도 좋은 사이즈라서

연필 한 두 자루와 볼펜을 넣어 내가 쓰고 있다.

HOW TO MAKE

집에서 편하게 입을 수 있는
간단 슬립 원피스

재료

엄마용 : 110cm 폭 면 원단 2마, 바이어스테이프 약 340cm

아동용 : 110cm 폭 거즈 원단 1마, 바이어스테이프 약 240cm,
　　　　레이스 약간

1 재단하기(아동용)

1-1 재단하기(엄마용)

2 옆선과 밑단 박기

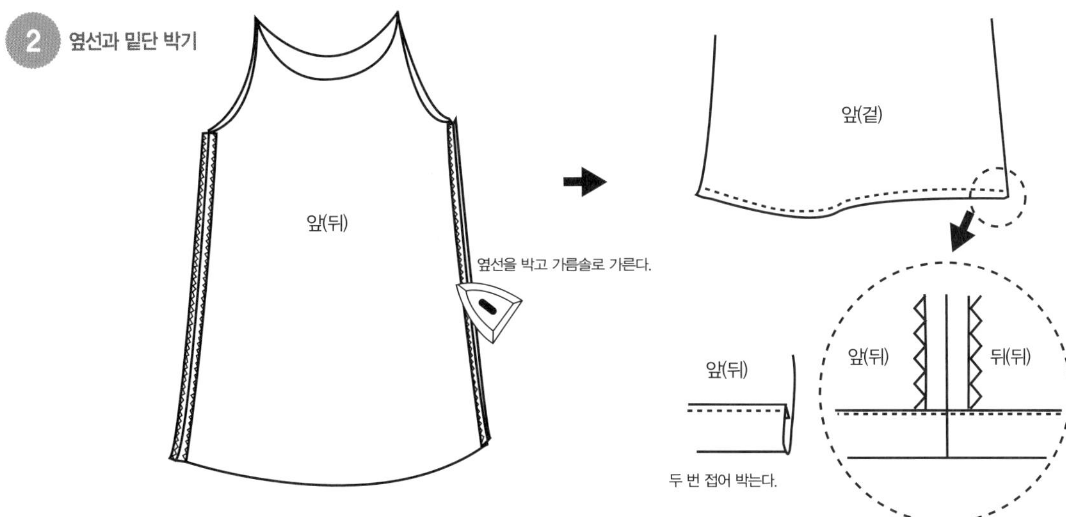

1 양쪽 허리끈을 만들어 옆선에 끼워 위치를 잡아준다.
2 앞판과 뒤판의 옆선을 연결한다.
3 밑단을 두 번 접어 박는다.

3 진동과 어깨끈 연결하기

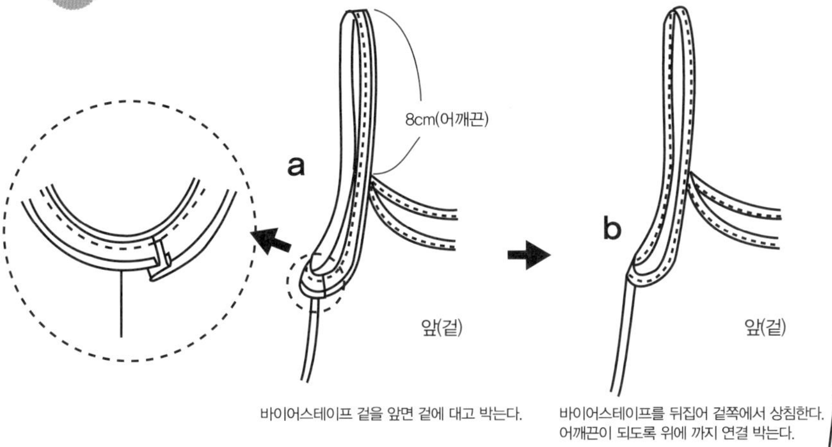

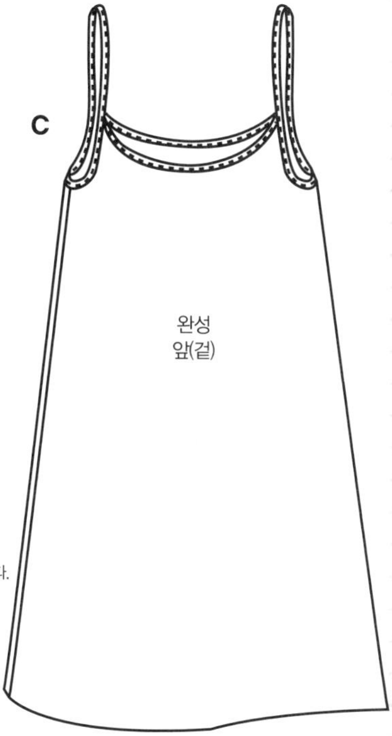

4 앞, 뒤 목선에 각각 바이어스테이프를 감싸 박는다.
5 옆선 솔기부터 시작해서 진동둘레를 앞판과 뒤판을 둘러가며 박는다. 이때 바이어스테이프가 어깨 진동 위로 올라와서 어깨끈이 되도록 박는다.

가드닝 양면 앞치마(아동용 허리 앞치마 기준)

재료

엄마용 : 110cm 폭 청해지 원단 1마, 꽃무늬 원단 1마,
　　　　주머니 패치 원단 약간

아동용 : 110cm 폭 청해지 원단 1/2마, 블랙 플라워 원단 1/2마,
　　　　주머니 패치 원단 약간, 끈용 체크 원단 6x150cm

1　재단하기(아동용)

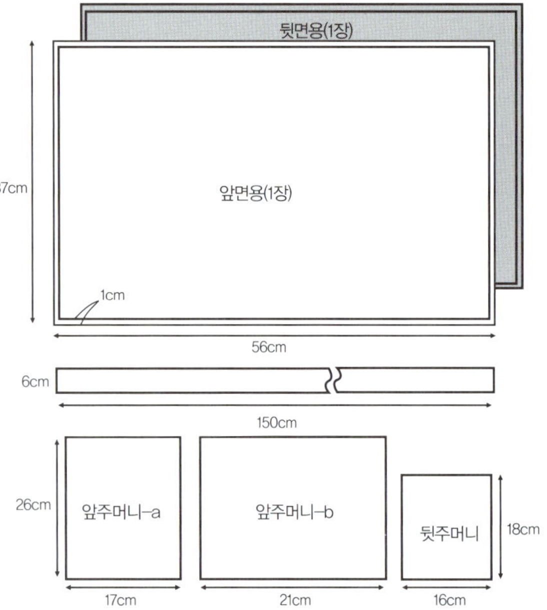

2　앞판 주머니 만들기

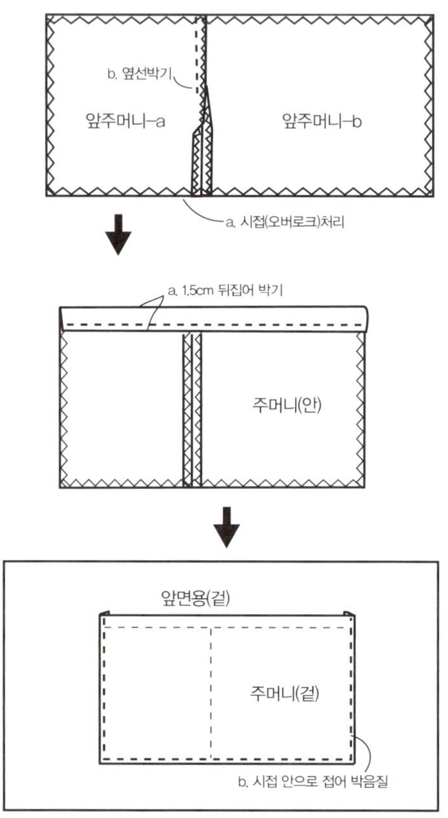

1 앞판 청해지 원단에 주머니를 만들어 단다.

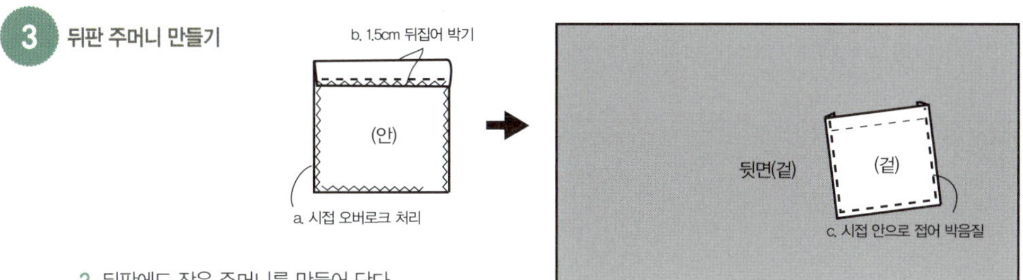

2 뒤판에도 작은 주머니를 만들어 단다.

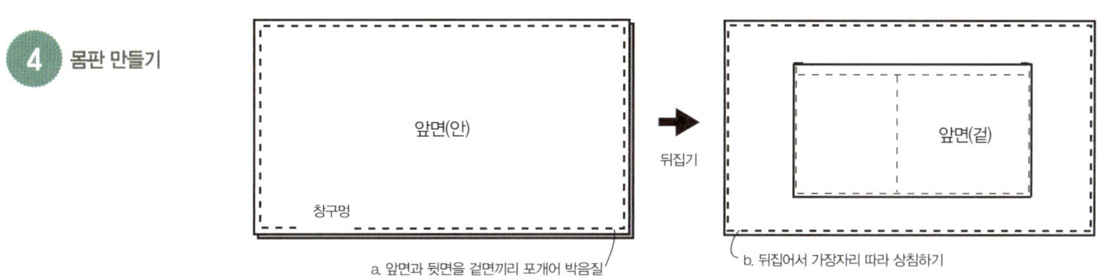

3 앞판과 뒤판을 겉끼리 맞대어 놓고 10cm 정도의 창구멍만 제외하고 박는다.
4 창구멍으로 뒤집은 뒤 가장자리를 따라 한 번 더 상침한다.

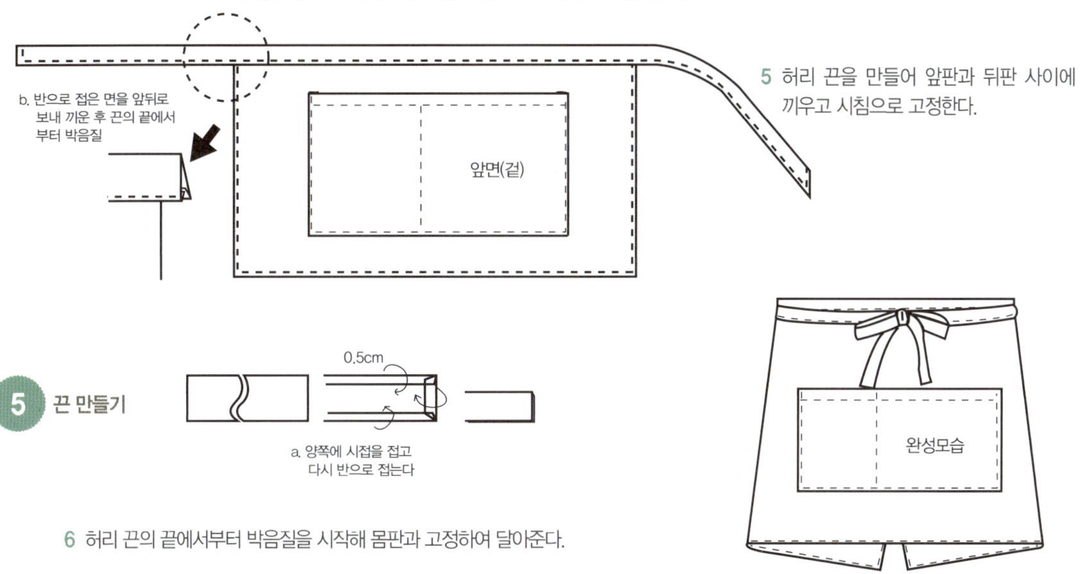

5 허리 끈을 만들어 앞판과 뒤판 사이에 끼우고 시침으로 고정한다.

6 허리 끈의 끝에서부터 박음질을 시작해 몸판과 고정하여 달아준다.

리넨 스트라이프 원피스&스커트
(아동용 원피스 기준)

재료

스트라이프 리넨 135cm 대폭 원단 1마, 리넨 바이어스테이프 약간,
레이스 약 100cm

① 재단하기

② 어깨와 옆선 박기

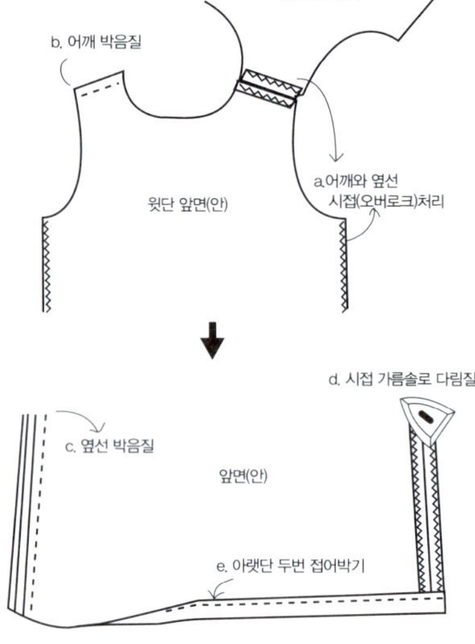

1 앞판과 뒤판 두 장의 어깨선과 옆선에 시접 오버
로크 처리를 한다.
2 앞판과 뒤판을 겉끼리 맞대어 놓고 어깨선과 옆
선을 박아 시접은 가름솔 처리를 한다.
3 원피스의 아랫단은 두 번 접어 박는다.

③ 바이어스테이프 달기

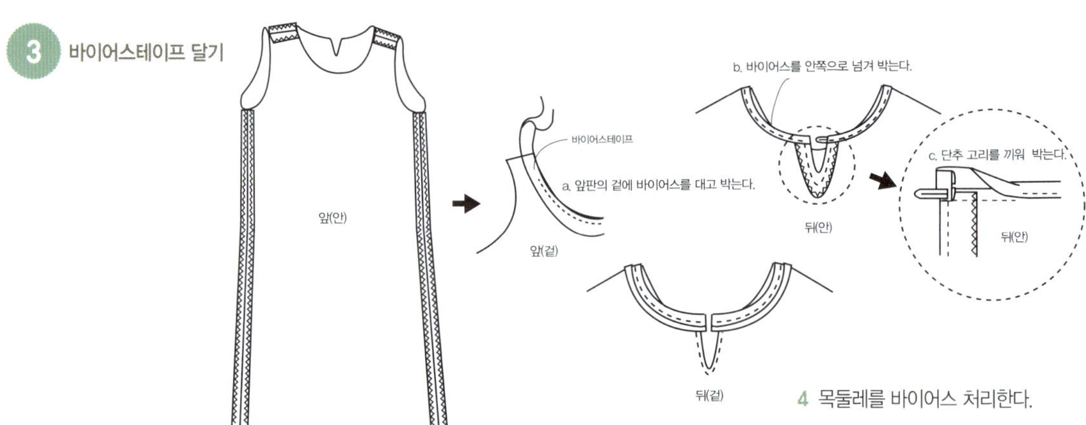

4 목둘레를 바이어스 처리한다.

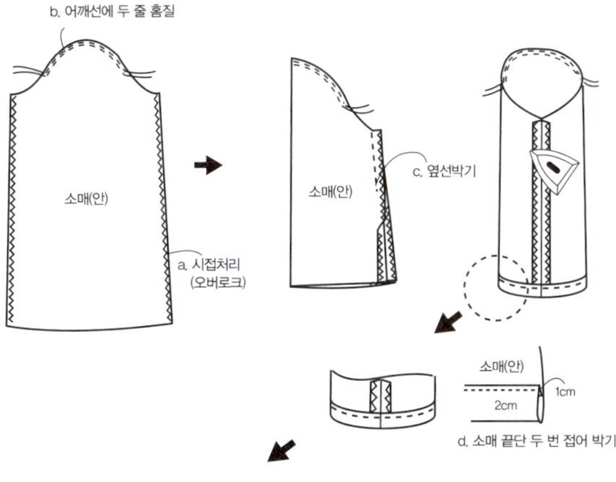

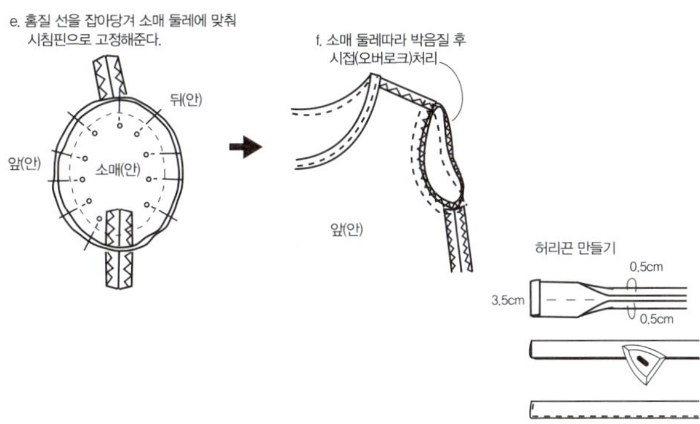

5 소매의 옆선을 오버로크로 처리하고 진동 부분에 두 줄 홈질
  을 한다.
6 소매 옆선은 박음질을 하고 아랫단은 두 번 접어 박는다.
7 소매 진동의 홈질 선을 잡아 당겨 옷의 진동 둘레와 맞춰 시
  침핀으로 고정한다.

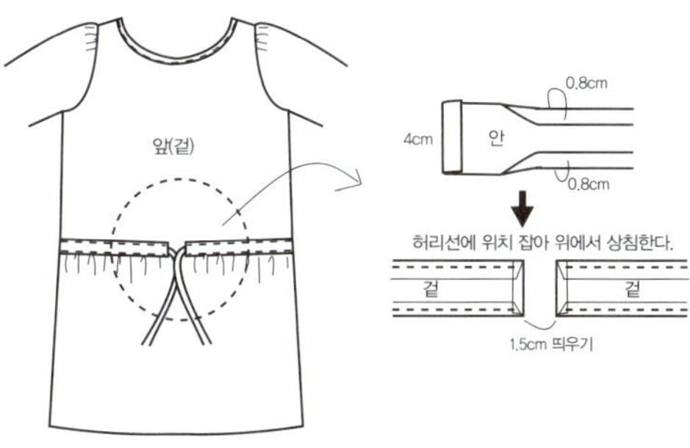

8 몸판의 안쪽에서 진동 둘레를 따라 소매와 몸판을 연결하는
  박음질을 한다.
9 허리띠를 만들어 몸판에 고정하고 몸판의 겉면에서 상침한다.

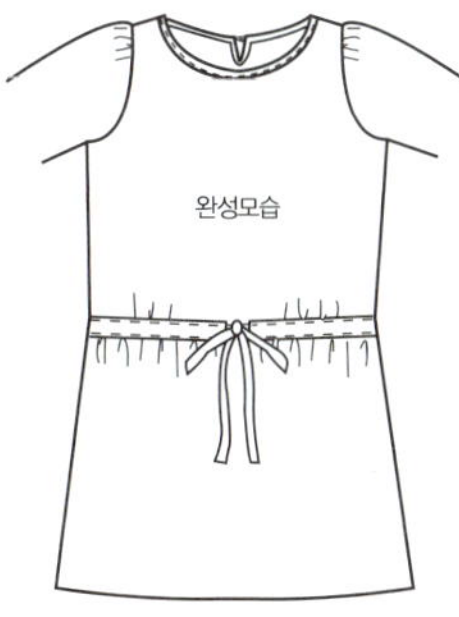

10 허리끈을 만들어 끼워준다.

내추럴 리넨 크로스 가방(엄마용 기준)

재료

엄마용 : 110cm 폭 면 원단 2마, 바이어스테이프 340cm
아동용 : 110cm 폭 거즈 원단 1마, 바이어스테이프 약 240cm,
　　　　레이스 약간

1 재단하기

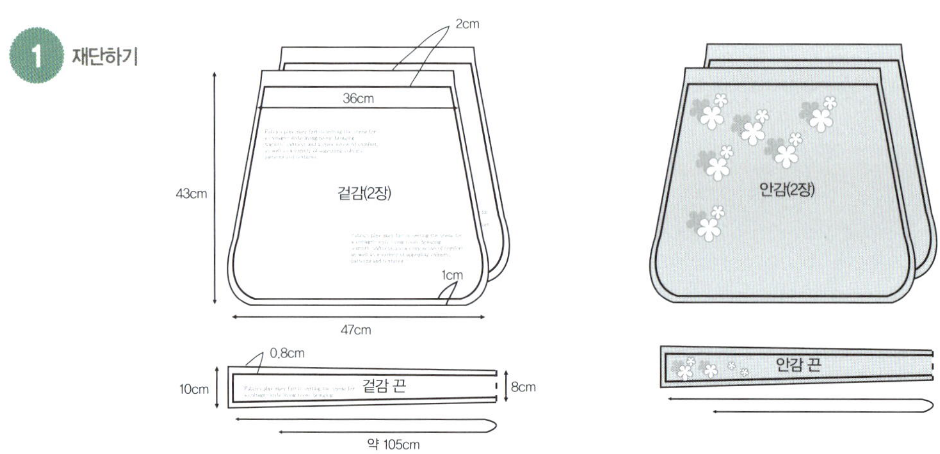

2 만들기

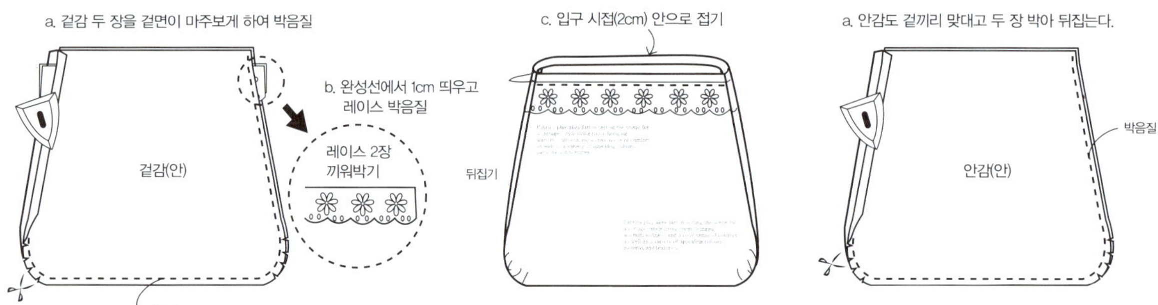

1 겉감용 원단 두 장을 겉면이 마주보게 하여 옆선을 박음질한
다(이때 본문 사진처럼 토숑 레이스를 장식할 경우 완성선 위
치를 정해 두 장 사이에 끼워 박는다).

2 위로 뒤집어 레이스의 윗부분을 겉감 쪽에서 한번 더 상침한
다(수실로 조금 굵게 손 스티치를 해줘도 좋다).

3 안감용 원단도 윗면을 제외하고 3면을 박아 뒤집는다.

4 겉감과 안감의 윗부분 시접 2cm를 접어 다림질한다.

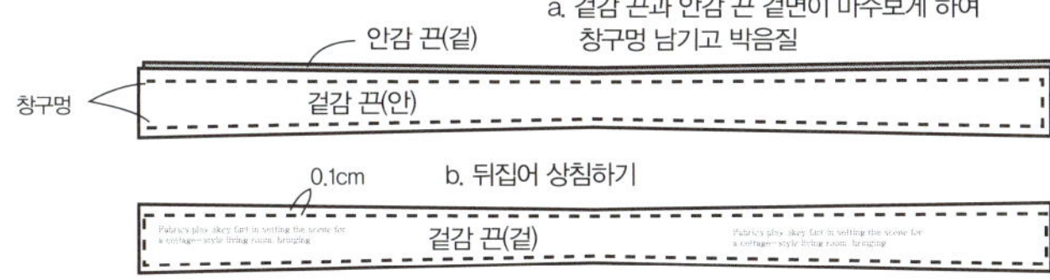

5 어깨끈은 두 장을 겉끼리 맞대고 창구멍을 남기고 박은 뒤 뒤집어 한 번 더 상침한다.

4 연결하기

6 안감 몸통을 겉감 몸통의 안쪽에 끼운다.

7 어깨끈을 안감과 겉감 몸통 사이에 4~5cm 깊이로 끼우고 시침핀을 고정해준다.

8 입구 둘레를 0.1~0.2cm 띄어 상침한다(어깨끈 쪽은 빠지지 않도록 박음선을 X자로 모양내 한 번 더 박아준다).

*아동용도 사이즈만 다를 뿐 방법은 동일
완성사이즈 : 26cm(가로) x 21cm(세로),
끈길이 5.5cm(가로) x 86cm(길이)

거즈 스트라이프 스커트 커플룩

재료

엄마용 : 130cm 대폭 거즈 원단 1.5마
아동용 : 110cm 폭 거즈 원단 1마

1 재단하기(아동용)

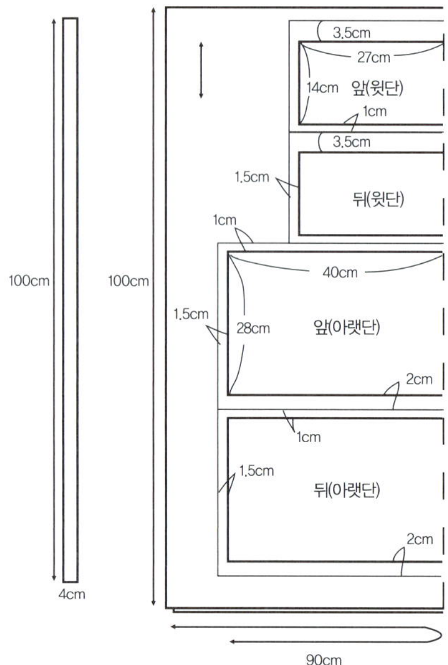

1-1 재단하기(엄마용)

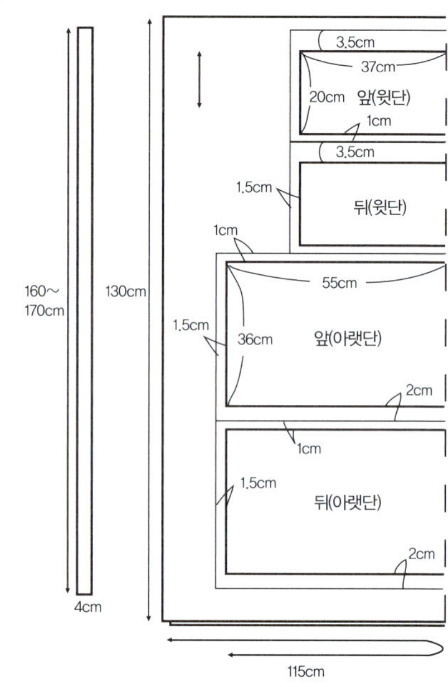

2 만들기

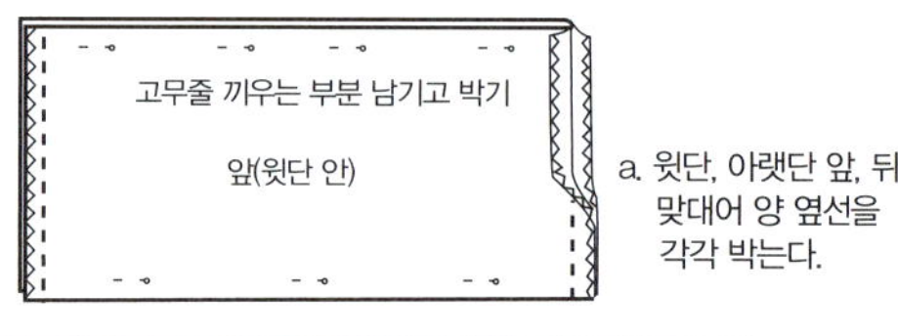

a. 윗단, 아랫단 앞, 뒤 두 장을 맞대어 양 옆선을 각각 박는다.

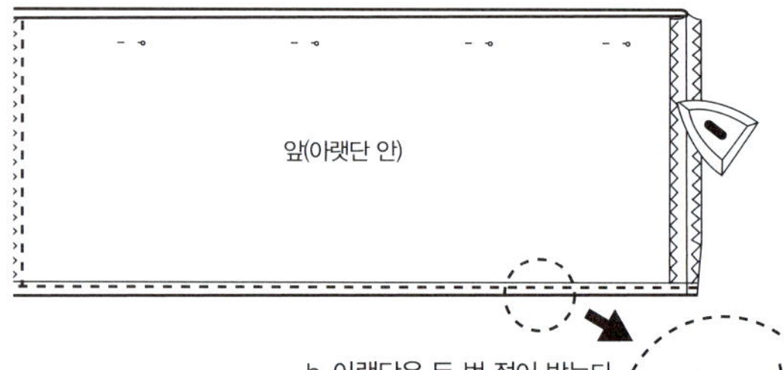

b. 아랫단은 두 번 접어 박는다.

1 윗단 두 장을 겉끼리 맞대놓고 옆선을 박은 후 가름솔로 나눠 다림질한다.
2 아랫단이 되는 부분도 동일하게 옆선을 박는다.

*고무줄 끼우는 구멍 내기 : 허리 단에 단추 구멍을 미리 만들거나 살짝 가위집을 내기, 또는 허리 둘레를 박을 때 시작과 끝의 만나는 부분 1cm정도를 띄어서 박는 것도 방법이에요.

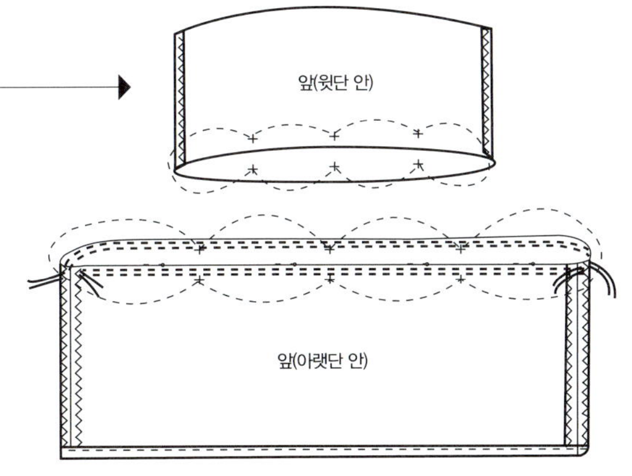

3 아랫단의 윗둘레에 두 줄 홈질을 해서 윗단의 둘레와 맞게
잡아당긴다.

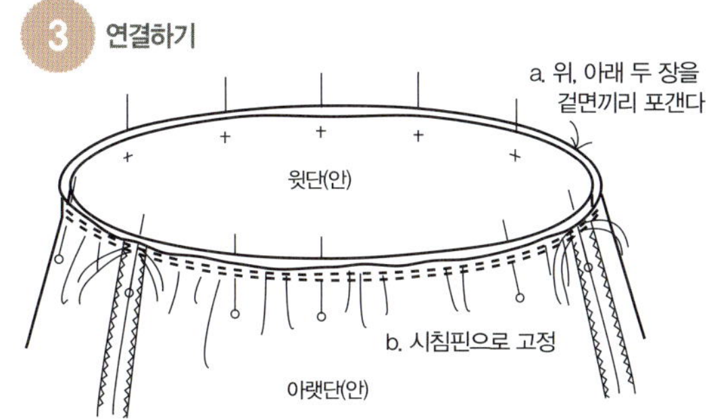

4 윗단의 겉과 아랫단의 겉면이 마주하도록 끼워 시침핀으로
둘레를 고정한다.

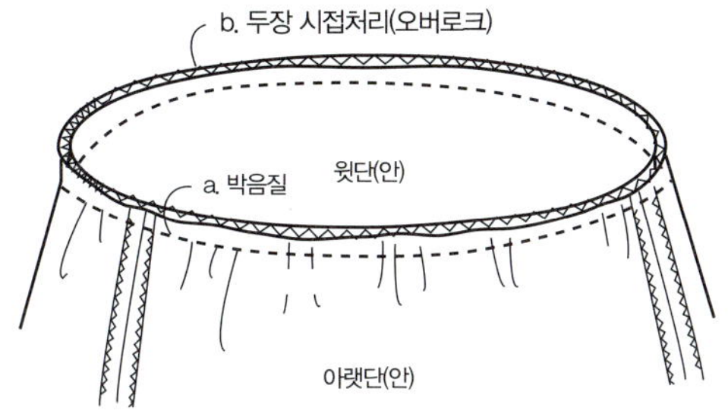

5 윗단과 아랫단이 연결 되도록
둘레를 안쪽에서 박음질한다.

6 뒤집은 후 연결 부분을 한 번
더 상침한다.

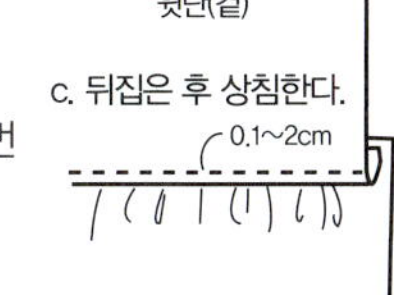

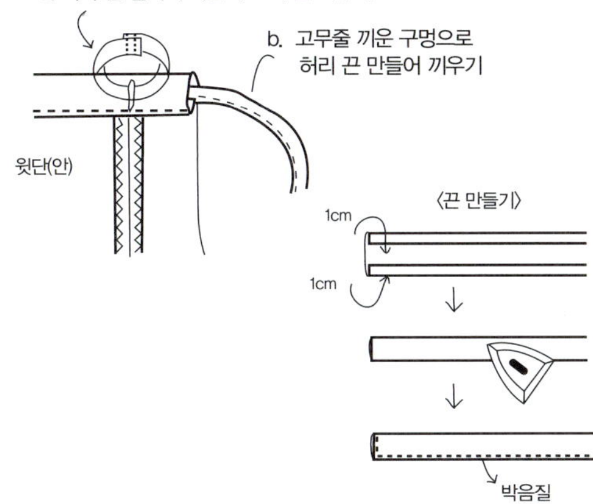

7 허리 단의 시접을 1cm 접고, 다시 2.5cm 접어 박아준다.
8 고무줄을 끼우고 허리끈도 만들어 끼운다(고무줄 치마
이지만 장식용으로 허리끈을 넣고 싶을 때).

컨트리 블랙워치 원피스(아동용 기준)

재료

110cm 폭 블랙워치 원단 1.5마, 리넨 바이어스테이프 약 100cm

* 목둘레와 진동을 바이어스로 감싸는 법은 4번 '리넨 스트라이프 원피스&스커트 만들기' 편(108p)을 참고하세요.
* 시접 오버로크 처리시 오버로크 대신 지그재그 패턴을 이용해 박아도 돼요.
* 옷본까지 스스로 만들어 옷을 만들 자신이 없다면 반재료 패키지나 패턴을 구매해 만들어 보는 것도 좋아요. 요즘은 직접 만들 수 있도록 도안과, 원단, 부자재를 패키지로 모아 판매합니다.

1 재단하기

2 옆선과 밑단 박기

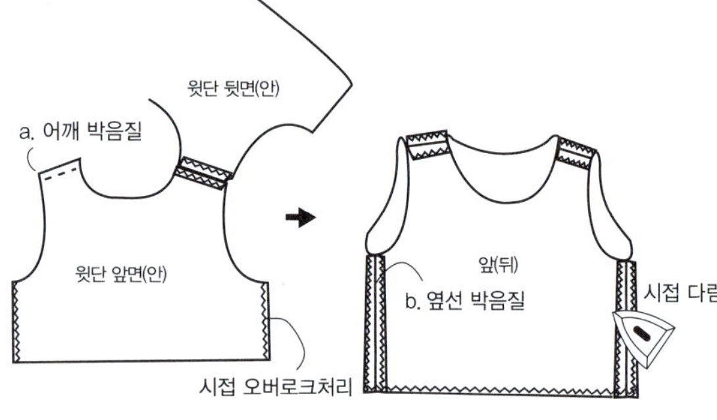

1 앞판과 뒤판을 겉끼리 맞대놓고 어깨선과 옆선을 박아 시접은 가름솔 처리한다.

3 카라 달기

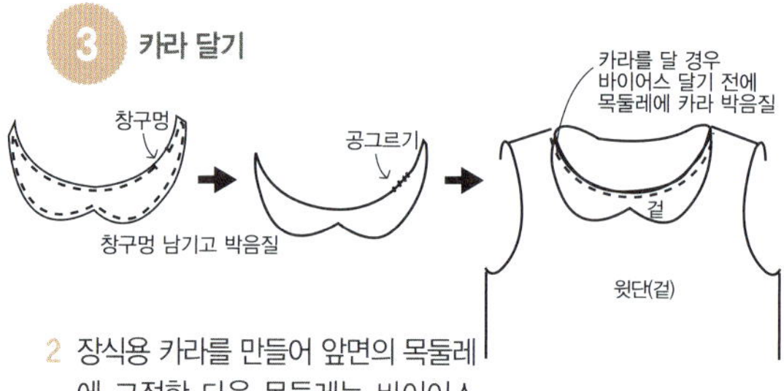

2 장식용 카라를 만들어 앞면의 목둘레에 고정한 다음 목둘레는 바이어스 처리한다.

4 바이어스테이프 감싸기

3 진동도 바이어스 처리한다.

a. 앞판의 겉에 바이어스를 대고 박는다

b. 바이어스를 안쪽으로 넘겨 박는다.

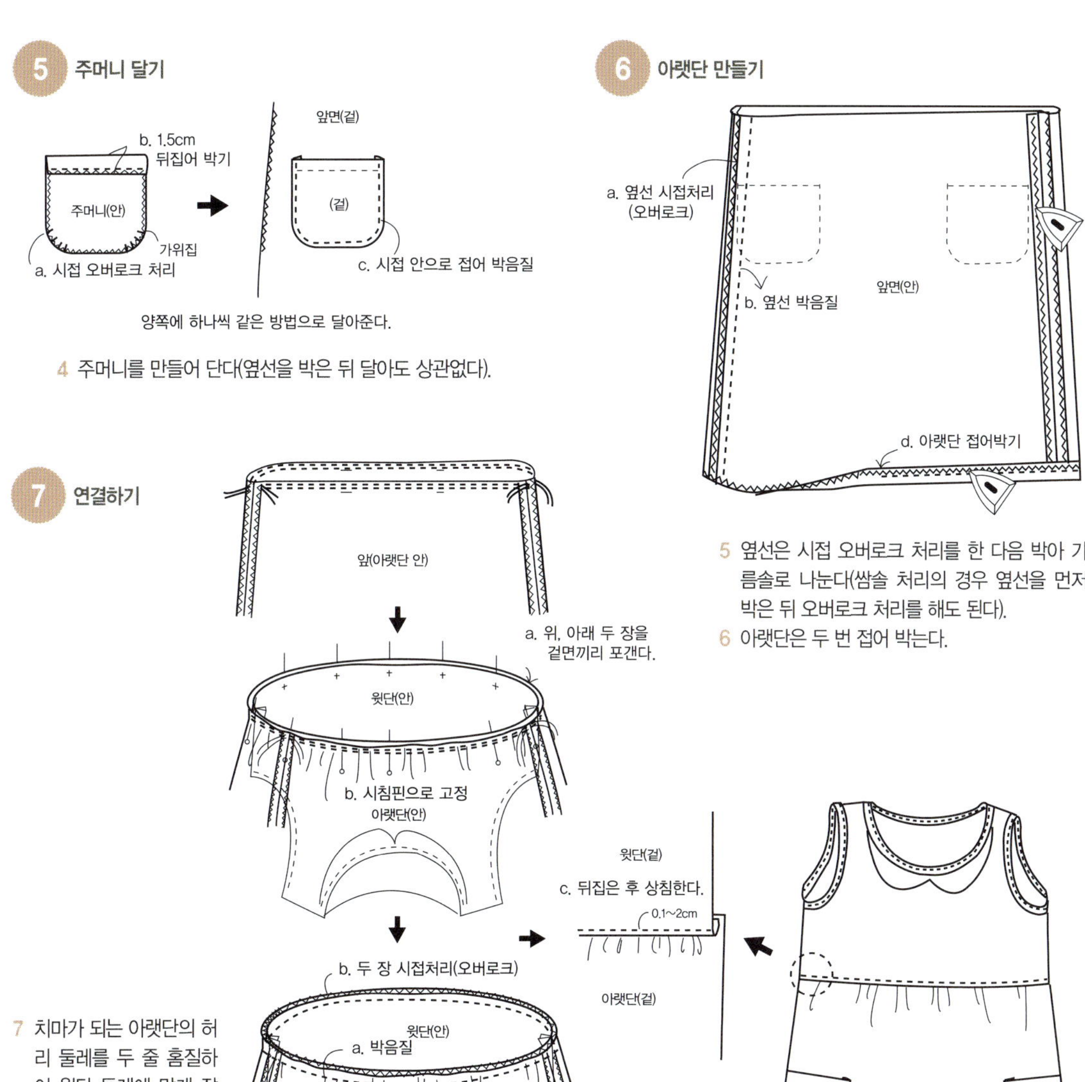

5 옆선은 시접 오버로크 처리를 한 다음 박아 가름솔로 나눈다(쌈솔 처리의 경우 옆선을 먼저 박은 뒤 오버로크 처리를 해도 된다).
6 아랫단은 두 번 접어 박는다.

7 치마가 되는 아랫단의 허리 둘레를 두 줄 홈질하여 윗단 둘레에 맞게 잡아당긴다.
8 윗단의 겉면과 아랫단 치마의 겉면이 마주하도록 위, 아래 두 장을 포개어 고정한다.
9 윗단과 아랫단이 연결되도록 둘레를 안쪽에서 박음질한다.

10 뒤집은 후 연결 부분을 겉면에서 한 번 더 상침한다.

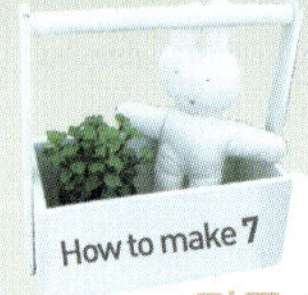

광목 레이어드 속치마(아동용 기준)

재료

150cm 대폭 광목 원단 1마, 광목 바이어스테이프 약 100cm,
3~4cm 폭 토숀레이스 55cm

*목둘레와 진동은 광목 바이어스테이프를 이용해 간단하게 마감해 주었어요.

1 재단하기(아동용)

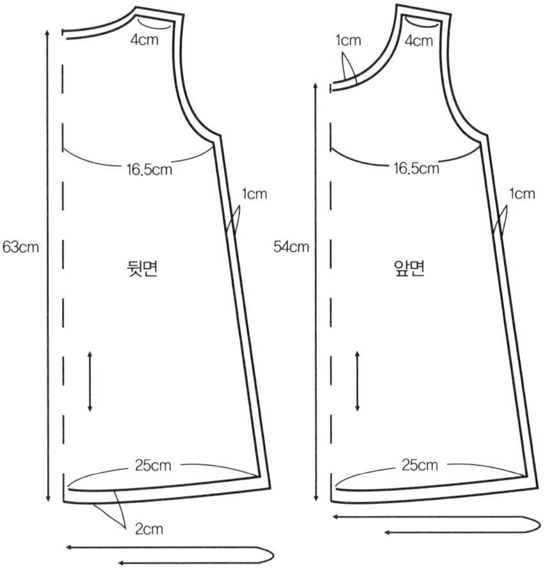

2 옆선과 밑단 박기

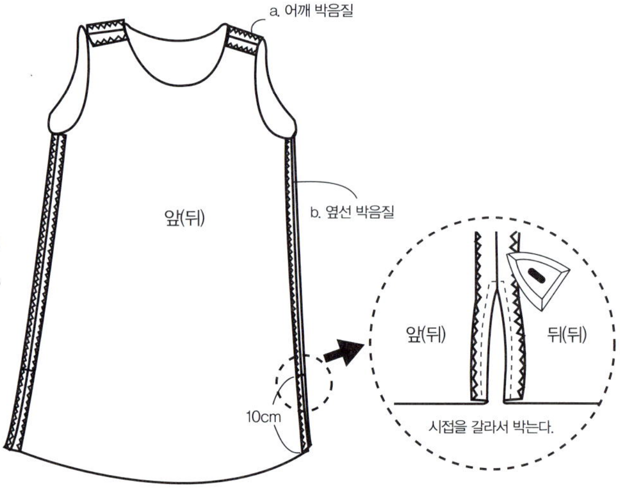

1 앞판과 뒤판의 어깨와 옆선을 각각 오버로크 한다.
2 앞판과 뒤판을 겉끼리 맞대놓고 어깨선과 옆선을 박아 시접은 가름솔 처리한다(이때 옆선의 아랫단으로부터 10cm 떨어진 위치에서 시접을 양쪽으로 나눠 U자 박기 한다).

3 바이어스테이프 감싸기

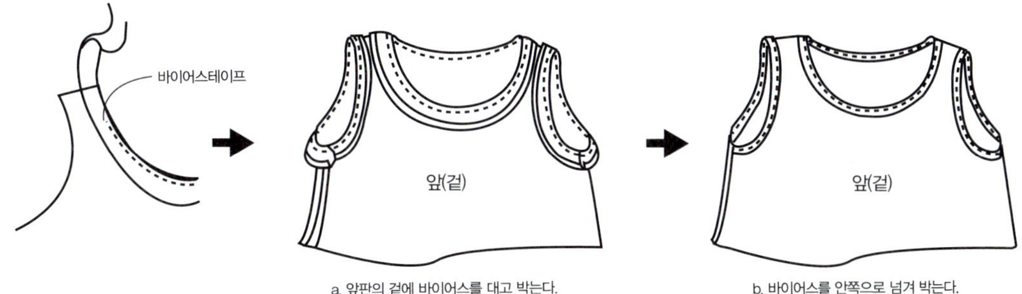

a. 앞판의 겉에 바이어스를 대고 박는다.

b. 바이어스를 안쪽으로 넘겨 박는다.

3 목둘레와 진동에 바이어스 처리한다.

4 아랫단 마무리

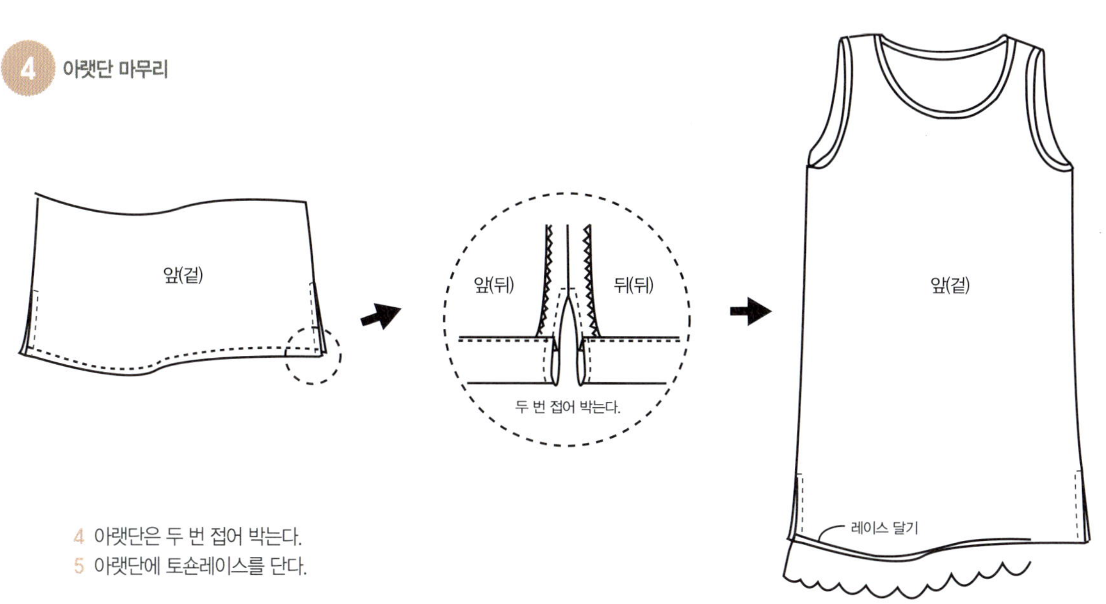

4 아랫단은 두 번 접어 박는다.
5 아랫단에 토숀레이스를 단다.

휴대용 미니 카메라 가방(손바느질용)

재료
양면 다이마루 원단 45x25cm, 가죽 끈 약 78cm, 단추, 단추 끈 약간.
장식 라벨

> *카메라 가방을 만들 땐 안쪽에 패딩 솜을 넣어 폭신하게 만드는
> 과정이 필요하죠? 부드러운 다이마루 원단을 두 장씩 이용해서
> 만들면 따로 패딩 솜자를 넣지 않아도 쿠션이 되어주어 좋아요

1 재단하기

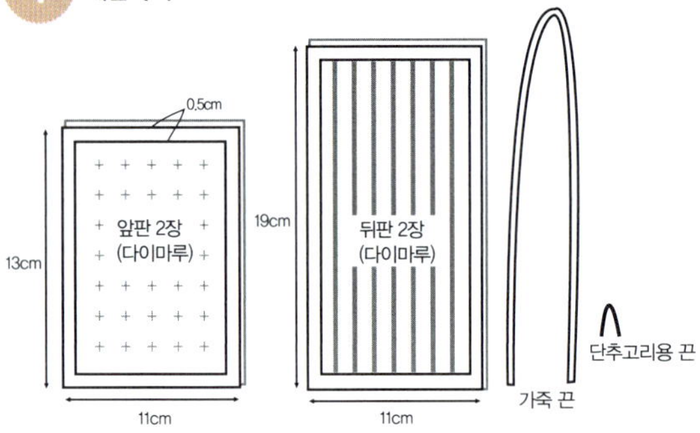

2 만들기

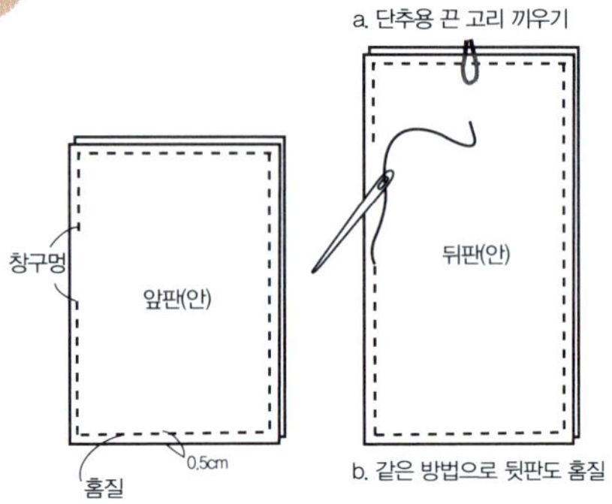

1 앞판용 두 장을 앞면으로 쓰고 싶은 부분의 안쪽이 서로 마
　주보게 하여 창구멍을 남기고 박는다.
2 뒤판용도 같은 방법으로 박는데, 두 장 사이에 단추 고리를
　아래로 가게 끼우고 박는다.
3 앞판과 뒤판 모두 뒤집어 공그르기로 창구멍을 막는다.

3 뒤집기

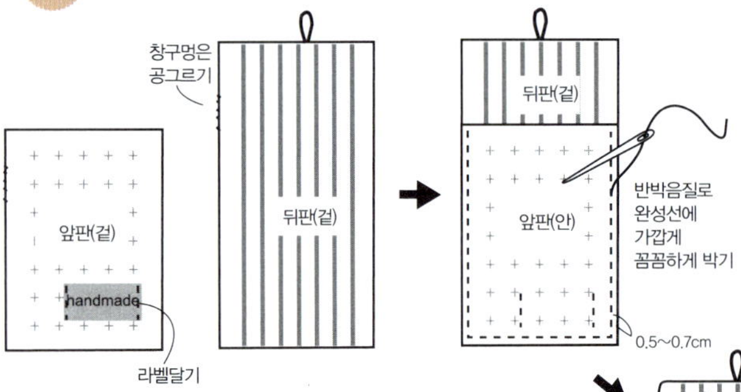

4 앞판용에 장식 라벨을 달아준다.
5 뒤판의 안쪽이 되는 면 위에 앞판의 겉 쪽이 되는 면을 올
　려 놓고 두 장을 연결하여 박는다.

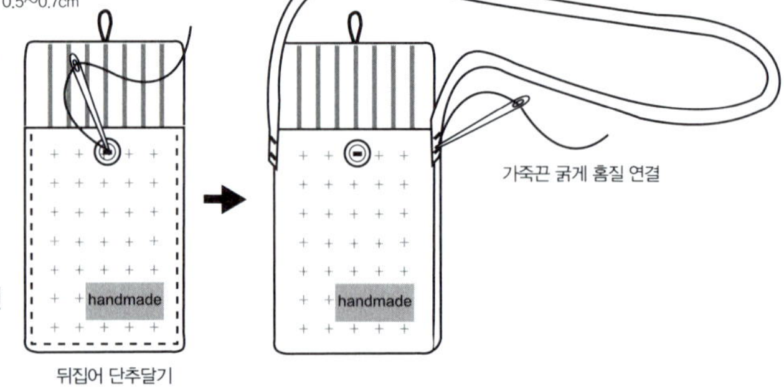

6 뒤집어 앞판의 단추고리 위치에 단추를 달아준다.
7 가죽 끈을 길이에 맞춰 자른 후 양 옆에 수실로 굵게 몇 번
　을 홈질하여 연결한다.

How to make 9

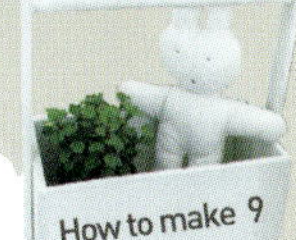

유수의 그린 게이블즈(원목놀이집)

재료

지붕 : 삼나무 12mm
몸체 : 미송 18mm

※원목놀이집 제작은 기본적인 장비와 DIY 가구 제작의 기초 지식이 있어야 제작이 용이하므로 이곳에서는 만들기 과정은 생략하고 제작시 참고 할 수 있도록 도면과 사이즈를 상세 표기합니다.

*지붕은 가벼운 12mm로 재단하고, 몸체는 튼튼한 18mm를 사용해야 제작에 편리합니다. 만약 집을 더 튼튼하게 만들고 싶다면 목공본드를 사용하셔도 좋습니다.
지붕에 뚫린 구멍은 굴뚝을 만들기 위한 부분이며 이 부분은 자투리 나무를 활용해 만들어 보세요.

1 도면과 상세사이즈

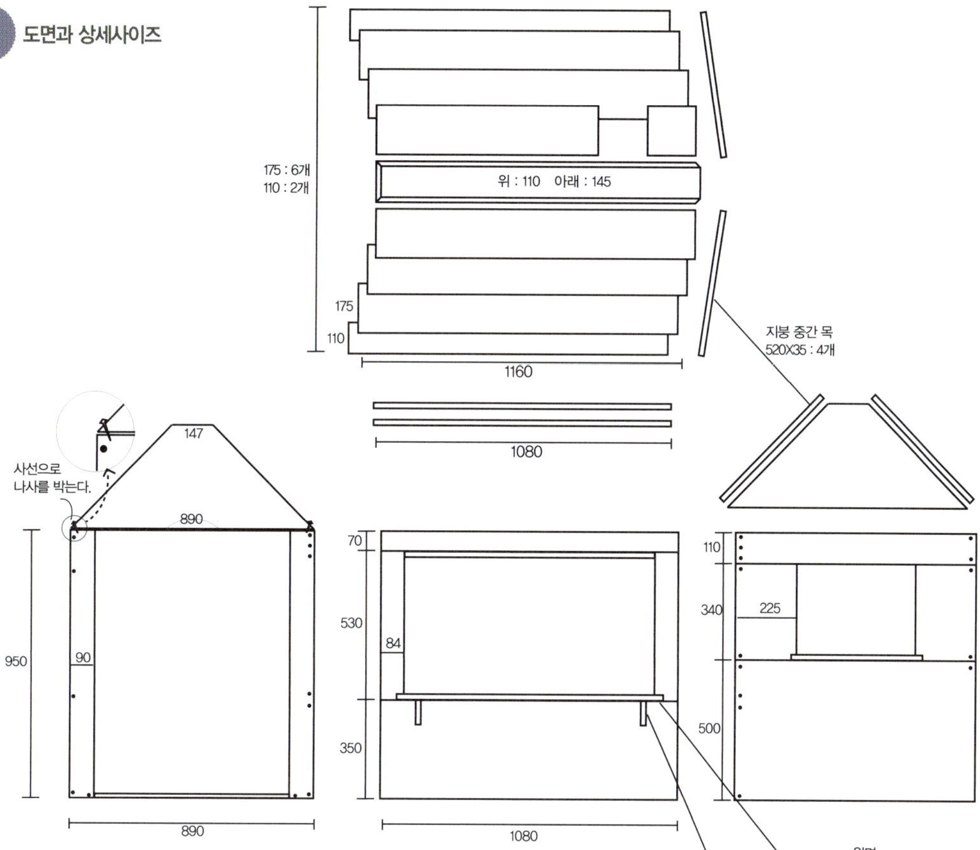
175 : 6개
110 : 2개
위 : 110 아래 : 145
175
110
1160
지붕 중간 목
520X35 : 4개
1080
147
사선으로
나사를 박는다.
890
950
90
890
70
530
84
350
1080
110
340
225
500

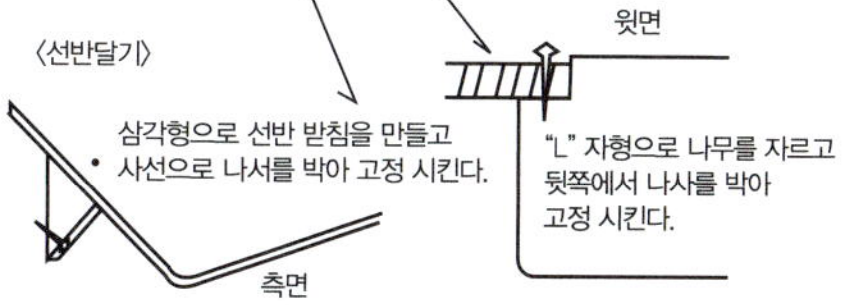
〈선반달기〉
삼각형으로 선반 받침을 만들고
사선으로 나서를 박아 고정 시킨다.
측면
윗면
"L" 자형으로 나무를 자르고
뒷쪽에서 나사를 박아
고정 시킨다.

※ 앞문은 갤러리 문이나 프로방스 디자인 문으로 만들어 달아주면 되는데 비용이 비싸지므로 문 대신 커튼을 달아주어도 좋답니다.

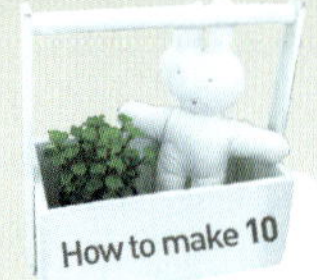

호빵 쿠션

재료

110cm 폭 광목 플라워 원단 1.5마, 선염 체크 원단 1.5마, 지퍼 105cm
(솜이 110cm 속통이라면 커버는 5cm 정도 작게 만들어야 솜이 들어가 빵빵하고 예뻐요)

*원을 쉽게 그리는 방법 : 컴퍼스 대용으로 반지름에 해당하는 종이를 만들어 양끝에 각각 펜 구멍을 뚫고 한쪽은 고정, 또 한쪽은 돌려가며 원을 그리면 쉬워요. 원단을 꼭지점 중심으로 반 접고 또 접어 꼬깔 형태로 재단할 수도 있겠죠?

1 재단하기

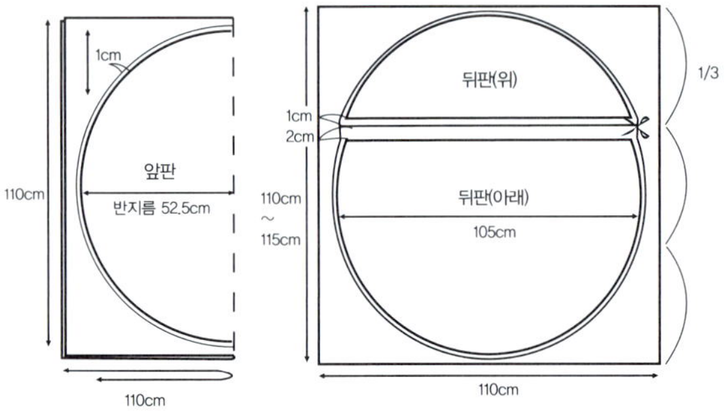

2 만들기

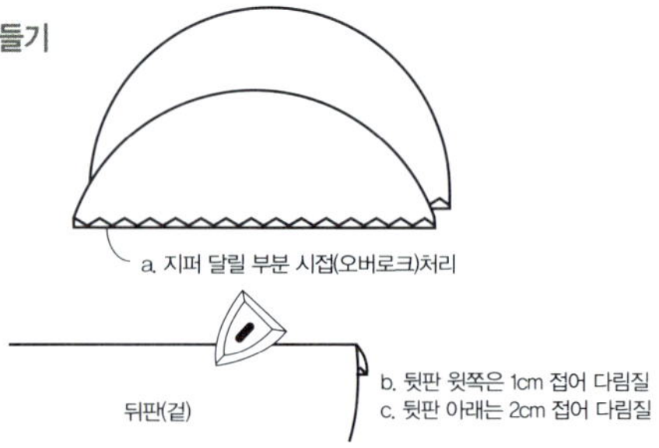

1 뒤판 위, 아래 원단의 지퍼가 달릴 부분의 시접을 오버로크 해서 안쪽으로 꺾어 접은 뒤 다림질한다.

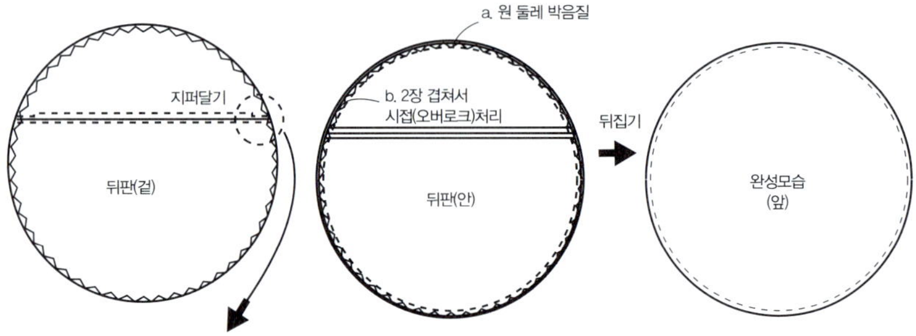

2 뒤판 위쪽 원단을 겉이 보이도록 놓고 안쪽 시접에 지퍼의 위쪽을 박는다.
3 뒤판 아래쪽 원단을 윗쪽 지퍼 단 위로 0.2cm 정도 올라오게 겹쳐 놓고 박는다.
4 앞판과 뒤판 두 장을 겉끼리 맞대어 놓고 둥글게 가장자리를 따라 박는다.
5 두 장의 시접을 같이 오버로크한 다음 뒤집는다(오버로크 대신 지그재그 패턴을 이용해 박아도 된다).

지퍼다는방법

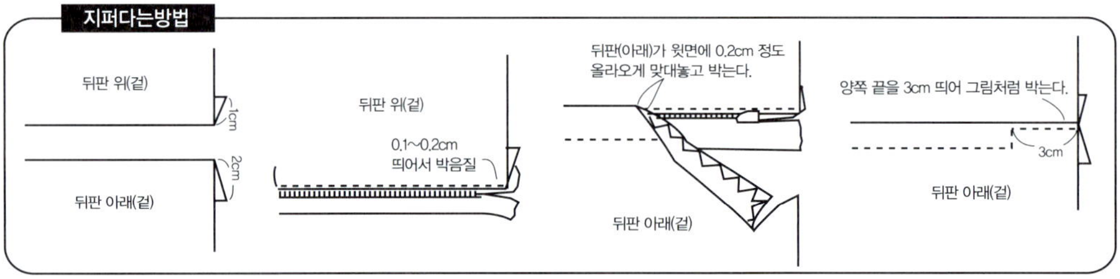

빈티지 아사&타월 블랭킷

재료

150cm 대폭 테리 타월 1.5마, 140cm 대폭 아사 원단 1.5마

1 재단하기

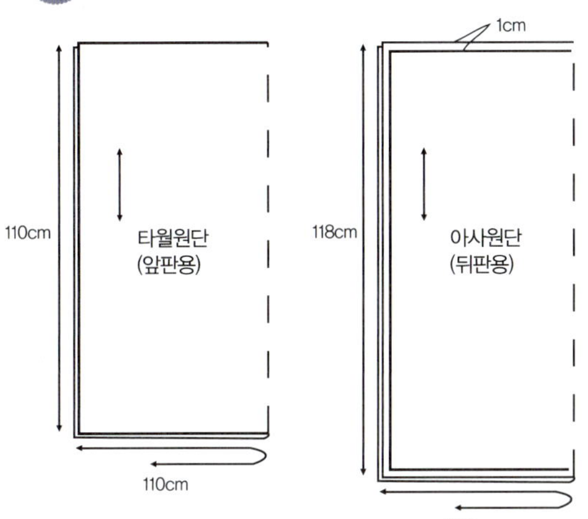

2 만들기

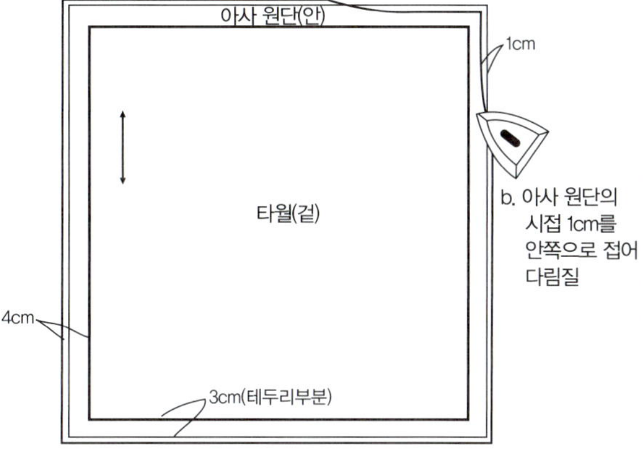

1 뒤판이 될 플라워 아사 원단 위에 재단한 타월 원단을 올린다 (아사 원단의 시접을 1cm 꺾어 미리 다려 놓는 것이 편하다).

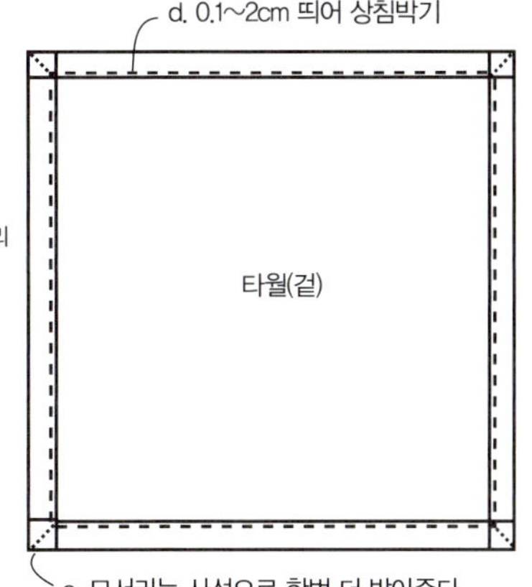

2 뒤판의 여유 원단을 앞으로 꺾어 3cm 테두리가 되도록 시침핀으로 고정한다.

3 앞판 타월 원단 쪽에서 테두리 가장자리를 따라 상침한다.

4 네 모서리는 사선으로 모양내 한 번 더 박는다.

5 두 장이 서로 뜨지 않도록 가로, 세로 두줄 정도씩을 박아 눌러준다.

유순이, 메리 인형 만들기(손바느질용)

재료

광목 원단 1/2마, 옷감용 원단 약간, 조각 원단, 레이스 약간, 구름 솜, 자수 실

1 재단하기

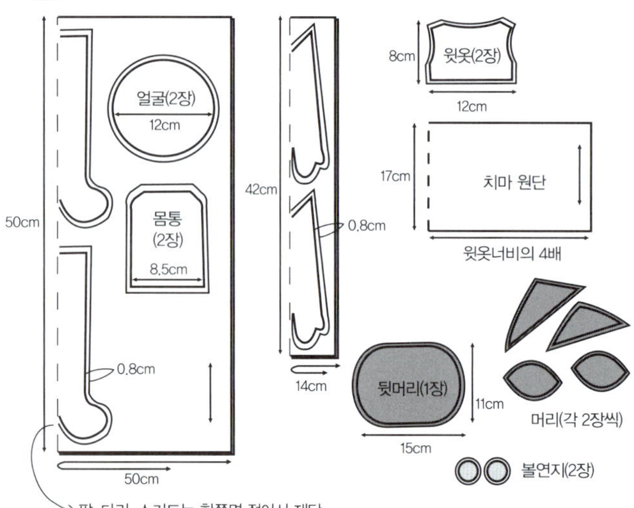

1 얼굴, 몸통, 팔, 다리에 솜구멍을 남기고 촘촘히 홈질한 후 재단한다(곡선은 조금 더 촘촘히 박는다).

2 얼굴 만들기

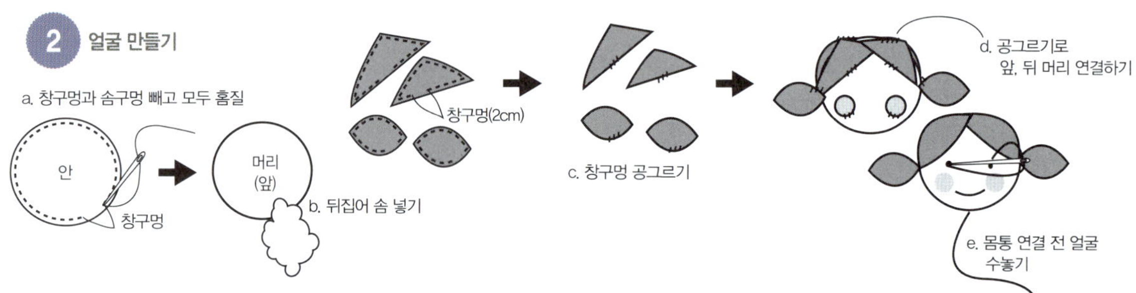

2 앞머리와 뒷머리, 볼 연지가 되는 원단을 창구멍만 남기고 박은 뒤 뒤집어 창구멍을 막는다(한번에 다 바느질하여 오려도 되고 한 부분씩 오려내어 박아도 된다).

3 1번에서 만든 얼굴 원단을 뒤집어 솜구멍으로 솜을 채워 넣고 창구멍을 공그르기한다.

4 2번에서 만든 앞머리와 뒷머리를 얼굴에 고정해 감침질이나 공그르기로 연결한다.

5 볼 연지 장식도 시접을 안으로 접어 얼굴에 공그르기로 붙여준다.

6 얼굴에 굵은 수실로 눈과 입을 수놓는다.

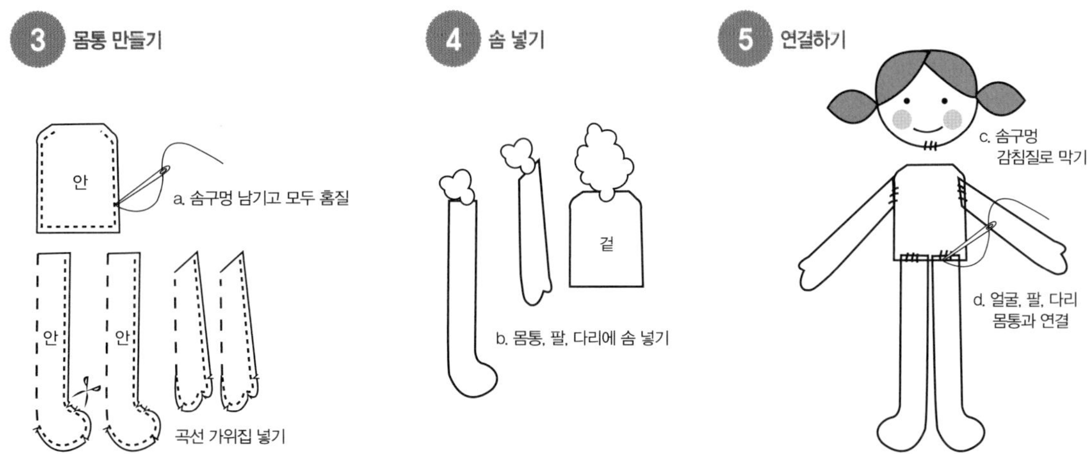

7 1번에서 만든 몸통과 팔, 다리에 솜을 채워 넣고 감침질로 막는다.

8 얼굴과 팔, 다리를 몸통에 각각 감침질로 연결하여 몸통을 완성한다(떨어지지 않도록 보이지 않는 안쪽에서 여러 번 반복해 튼튼하게 감쳐준다).

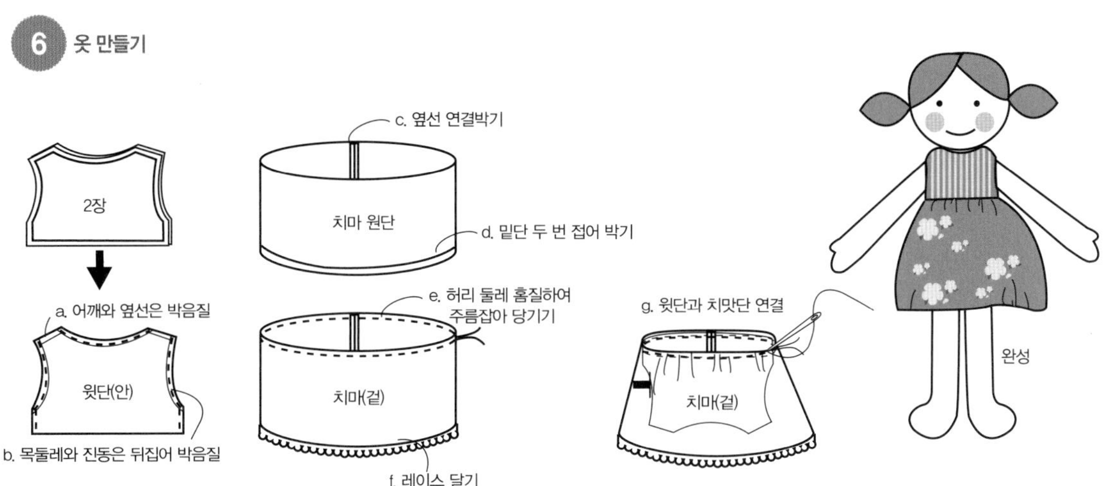

9 웃옷이 되는 옷감 두 장을 겉끼리 맞대놓고 어깨와 옆선을 박는다.

10 진동은 두 번 접어 박거나 한 번 꺾어 박는다.

11 치마원단의 옆선을 박아 연결하고 허리 부분에 두 줄 홈질하여 윗단 너비와 맞게 잡아당긴다.

12 윗단과 치맛단이 겉끼리 마주보게 안쪽으로 넣은 후 허리선을 연결해 박는다.

13 뒤집은 후 겉감 위에서 허리선을 한 번 더 상침한다.

14 치맛단은 두 번 접어 박는다(치맛단에 레이스를 달아주어도 좋다).

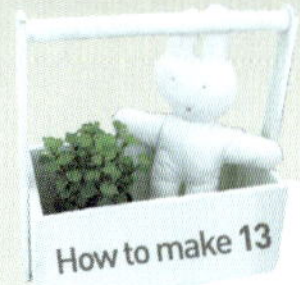

토분 핀 쿠션 만들기

재료

무지 리넨 원단 1/4마, 조각 천 약간, 솜 약간, 토분 4개

＊잎사귀 모양의 원단을 달리하거나 동그란 부분을 조각 패치해 여러 개 만들어 장식하면 예뻐요.

1 재단하기

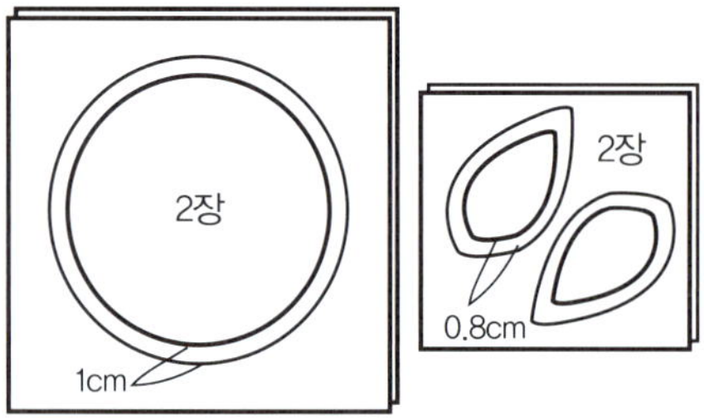

토분 윗 지름보다 2cm 더 크게

2 만들기

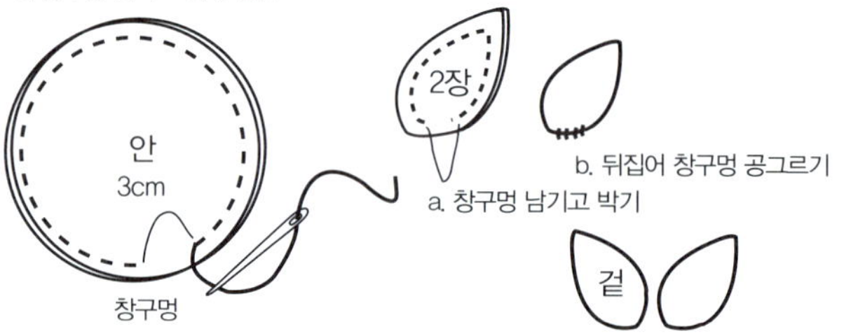

1 토분의 윗지름보다 2cm 더 크게 원을 그려 시접 1cm를 두고 재단한다.
2 창구멍을 남기고 완성 선을 따라 박고 뒤집는다.

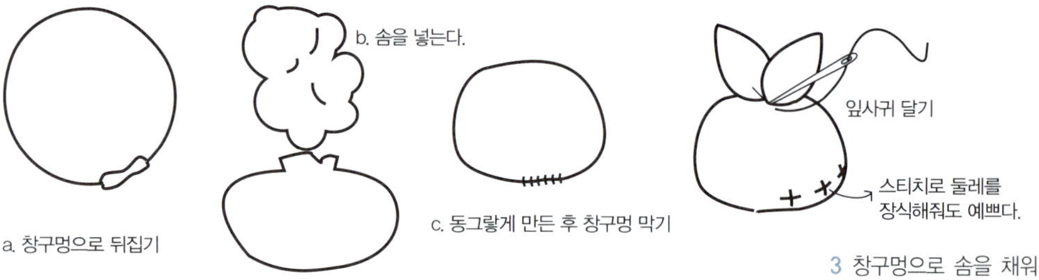

3 창구멍으로 솜을 채워 넣어 동그랗게 만든 후 창구멍을 막는다.
4 잎사귀를 만들어 동그란 솜 위에 연결한다.

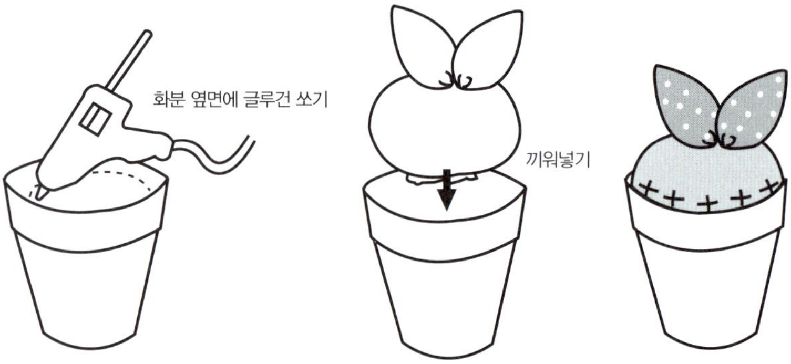

5 테두리를 따라 장식 스티치를 해줘도 예쁘다.
6 완성된 새싹 모양을 글루건을 이용해 토분에 붙여준다.

구슬 목걸이 만들기

재료
나무비즈 100개, 우레탄 고무줄 약간, 레이스 약간

1 구슬 꿰기

1 잘 늘어나면서 쉽게 끊기지 않는 우레탄 고무줄에 나무비즈나 원석비즈를 이용해 꿰어준다(고무줄에 힘이 있어 실과 달리 아이들도 끼우기가 쉽다).

2 매듭짓기

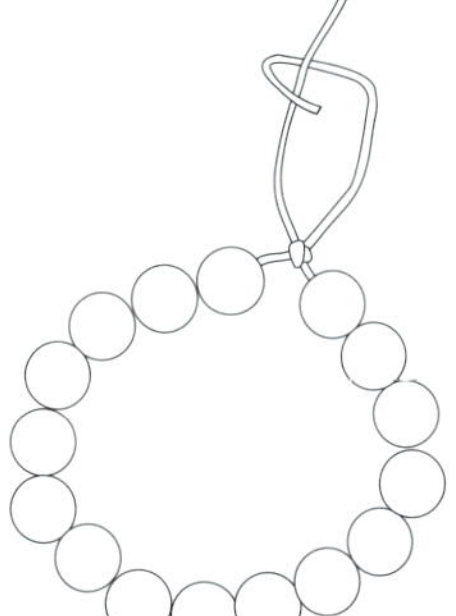
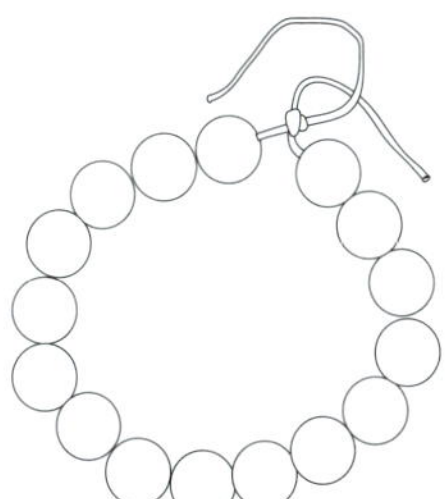

2 목 길이에 맞게 적당한 길이로 비즈를 끼운 뒤 고무줄 매듭만 지어주면 된다(이때 고무줄 매듭은 두 줄을 한꺼번에 잡고 묶은 뒤 꽉 잡아당기고 이후 한 줄씩 잡아 한 번 더 묶어 주어야 매듭이 풀리지 않는다. 매듭은 비즈 구멍 사이로 보이지 않게 집어 넣는다).

3 레이스 장식하기

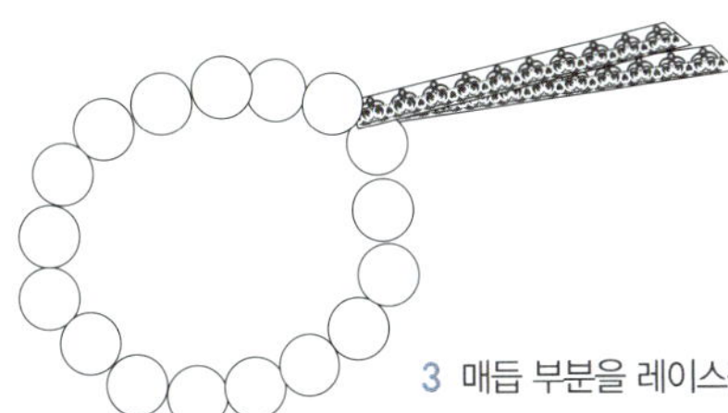

3 매듭 부분을 레이스를 묶어 장식해줘도 예쁘다.

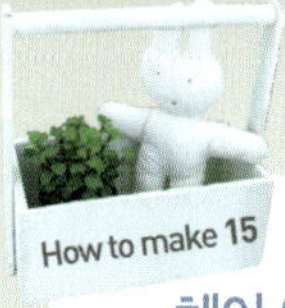
How to make 15

헤어 액세서리 만들기(리본 핀과 리본 헤어밴드)

재료

리본 약간, 자투리 원단 약간, 가는 철사, 집게 핀, 똑딱 핀 또는 자동 핀

* 집게핀에도 너비에 맞는 가는 리본을 감싸 붙여 주면 완성도를 높일 수 있어요. 쓰다가 낡은 머리핀의 장식을 떼어 내고 새로 리본만 만들어 다시 붙이면 새 핀이 되겠죠?

1 기본 리본 만드는 법

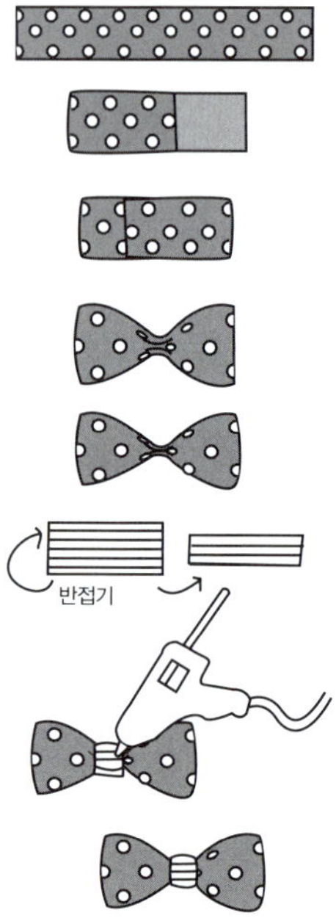
반접기

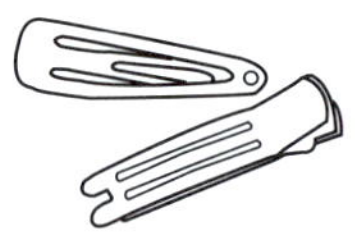

※ 완성 후 리본을 집게 핀이나 똑딱 핀에 글루건을 이용해 붙여주면 된다.

2 기본 리본 만드는 법 2

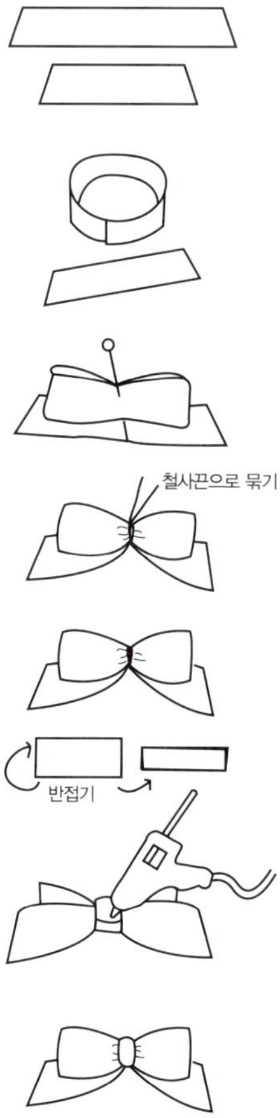
철사끈으로 묶기
반접기

3 N자 리본 만들기

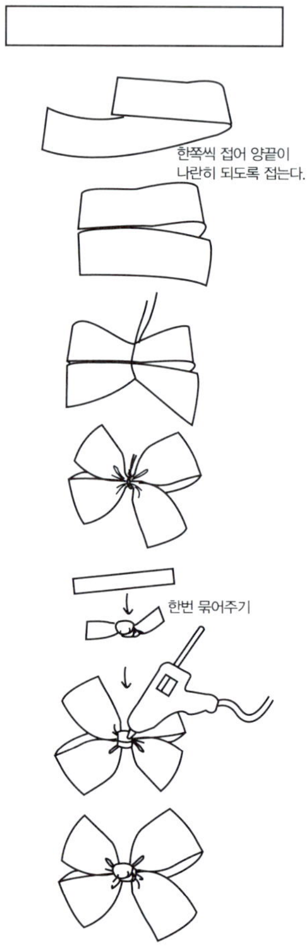
한쪽씩 접어 양끝이
나란히 되도록 접는다.
한번 묶어주기

4 원단으로 리본 만들기

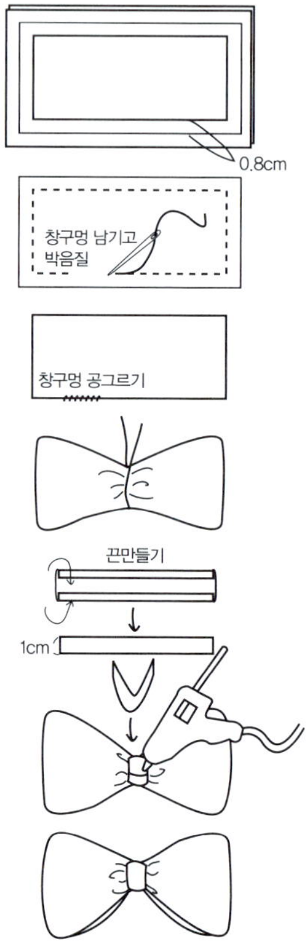
0.8cm
창구멍 남기고
박음질
창구멍 공그르기
끈만들기
1cm

간단 두건 겸용 스카프 만들기

재료

45x45cm 거즈 원단 1장

만들기

45x45cm로 원단을 재단하고 가장자리를 말아박기만 하면 완성일 정도로 쉽지만 가늘게 말아박기가 자신 없을 때에는 끝을 한 번 접어 박은 뒤 색깔 있는 실을 이용해 지그재그 스티치 패턴으로 두 번 정도 반복해 박아준다.

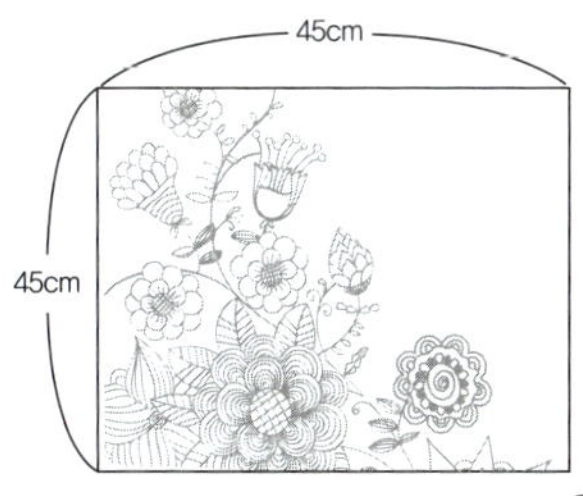

1 45x45cm로 원단을 재단하고 가장자리를 말아박는다.

2 끝을 한 번 접어 박은 뒤 색깔 있는 실을 지그재그 스티치 패턴으로 두 번 정도 반복해 박아준다.

재료

45x45cm 거즈 원단 1장, 방울 레이스 약간

1 45x45cm로 원단을 재단하고 삼각형으로 반을 접는다.

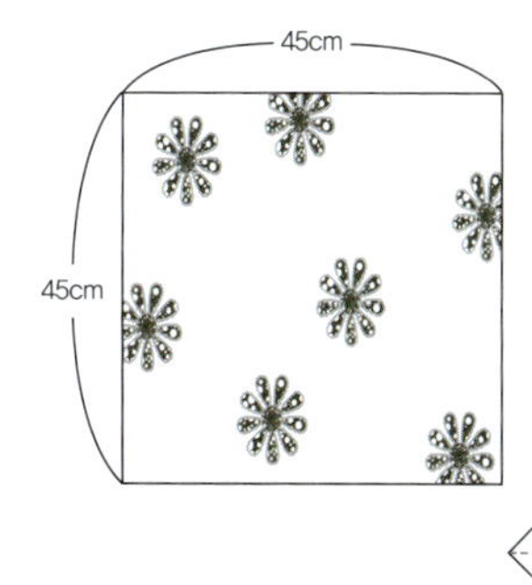

2 두 장이 만나는 두 변을 0.8cm 시접선을 두어 창구멍을 남기고 박은 뒤 뒤집는다.

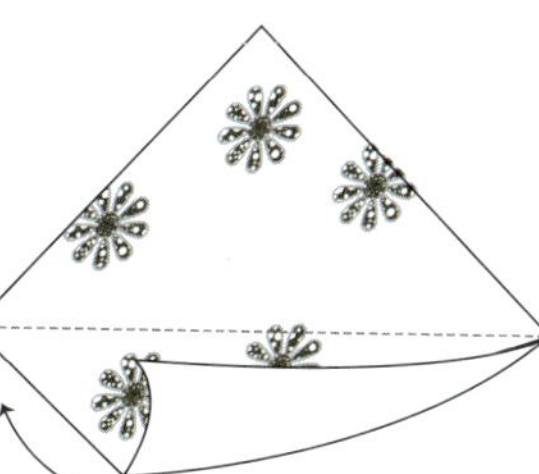

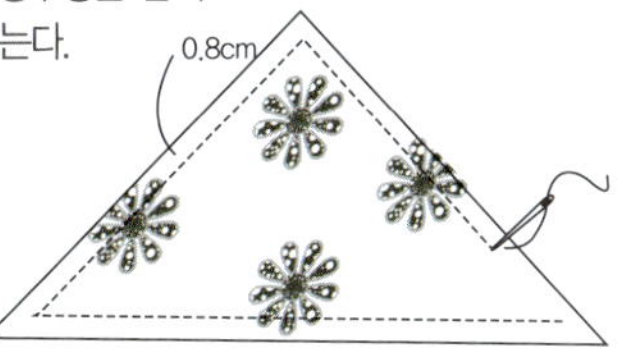

3 2번의 가장자리를 따라 방울레이스를 올리고 한 번 더 연결해 박는다(레이스의 끝이 원단보다 길게 나오게 해도 예쁘다).

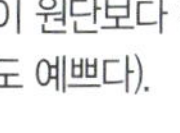

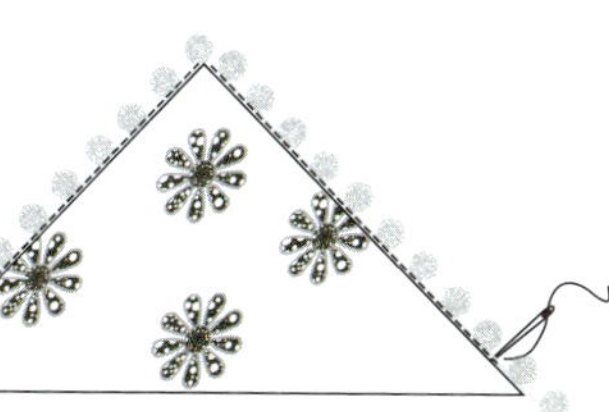

다용도 패브릭 주머니 1

한 줄 끼우는 디자인

재료

37x88cm 리넨 1장, 스트링 끈 약 90cm, 장식 라벨

1 재단하기

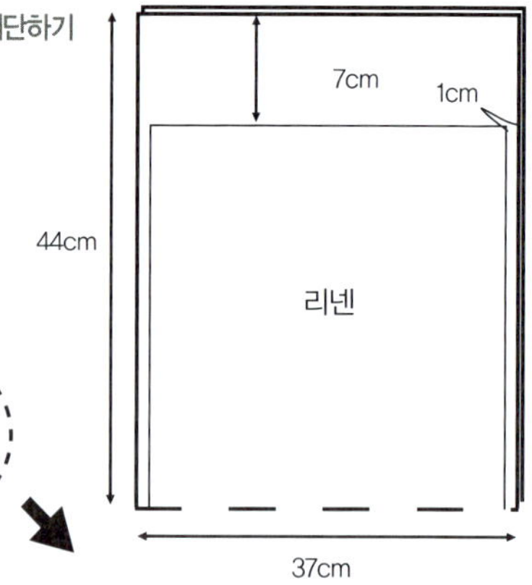

7cm
1cm
44cm
리넨
37cm

2 만들기

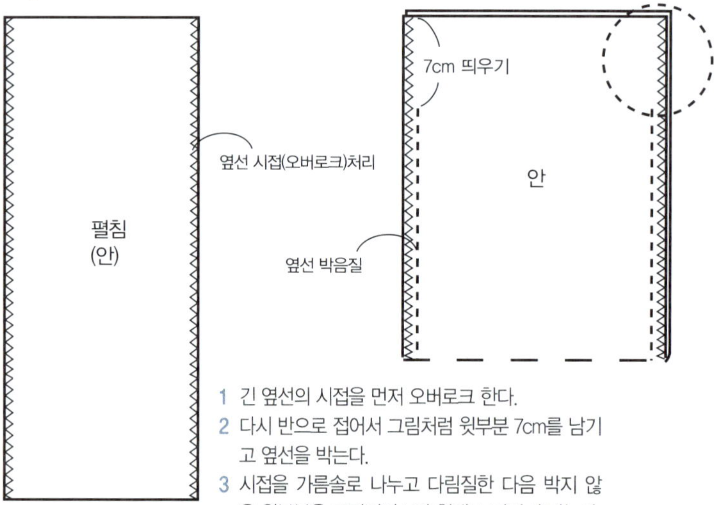

펼침
(안)

옆선 시접(오버로크)처리

옆선 박음질

7cm 띄우기

안

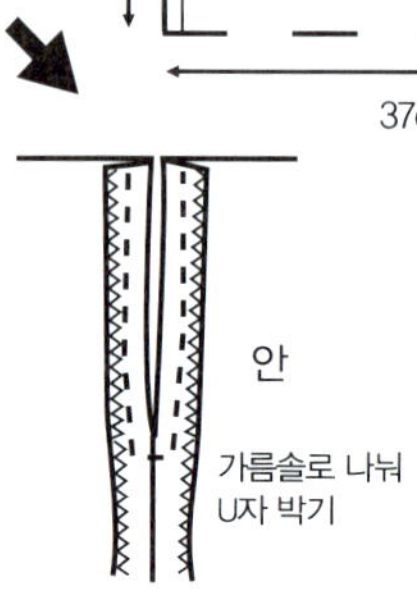

안

가름솔로 나눠
U자 박기

1 긴 옆선의 시접을 먼저 오버로크 한다.

2 다시 반으로 접어서 그림처럼 윗부분 7cm를 남기고 옆선을 박는다.

3 시접을 가름솔로 나누고 다림질한 다음 박지 않은 윗부분을 그림처럼 U자 형태로 갈라서 박는다.

4 윗시접 1cm를 한번 접고 3cm되는 위치에 한번 더 접어 안으로 꺾는다.

5 4번의 시접 부분 위에 0.1∼2cm 띄고 둘레를 상침한다.

6 구멍으로 한쪽 방향으로 끈을 끼운 뒤 끈의 끝을 매듭지어 묶으면 완성된다.

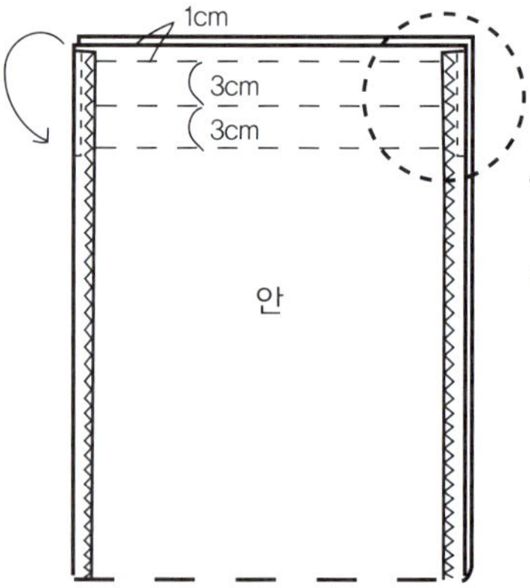

1cm
3cm
3cm

안

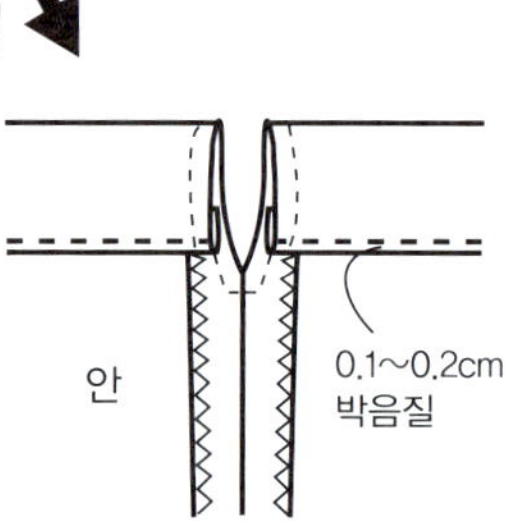

안

0.1∼0.2cm
박음질

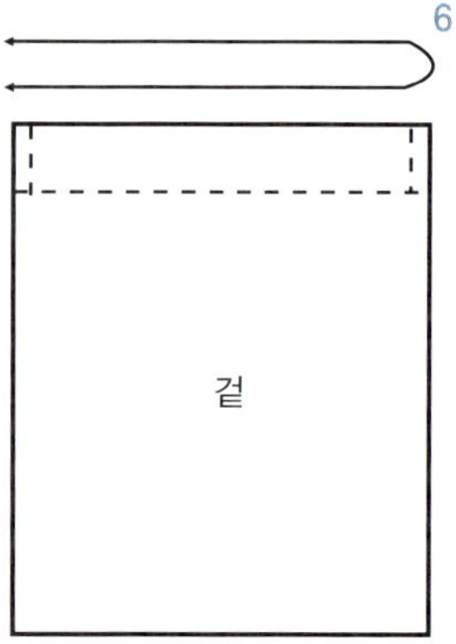

겉

겉

다용도 패브릭 주머니 2

두 줄 끼우는 디자인

재료

23x54cm 리넨 1장, 스트링 끈 약 60cm, 레이스 약간

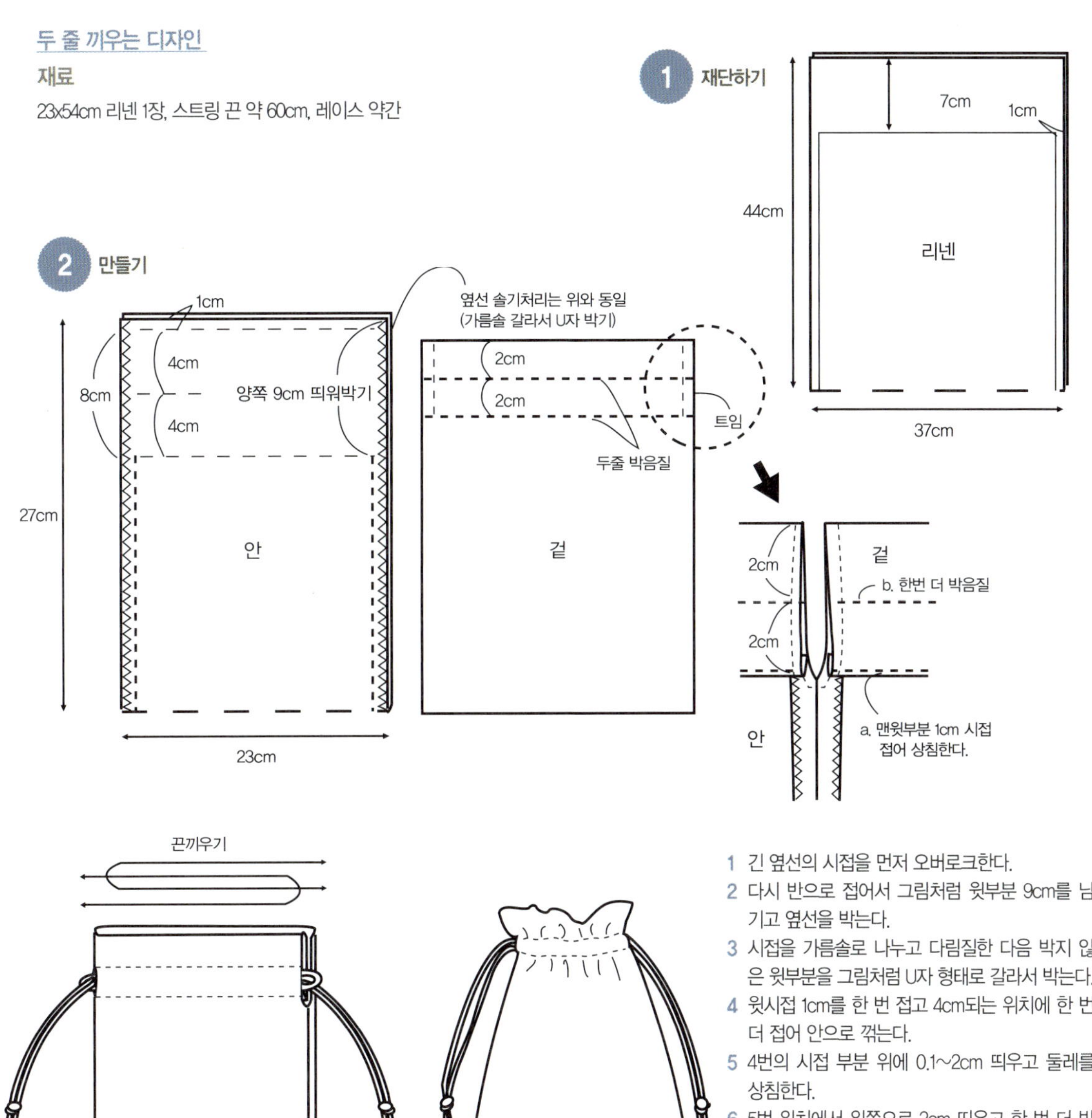

1 긴 옆선의 시접을 먼저 오버로크한다.
2 다시 반으로 접어서 그림처럼 윗부분 9cm를 남기고 옆선을 박는다.
3 시접을 가름솔로 나누고 다림질한 다음 박지 않은 윗부분을 그림처럼 U자 형태로 갈라서 박는다.
4 윗시접 1cm를 한 번 접고 4cm되는 위치에 한 번 더 접어 안으로 꺾는다.
5 4번의 시접 부분 위에 0.1~2cm 띄우고 둘레를 상침한다.
6 5번 위치에서 위쪽으로 2cm 띄우고 한 번 더 박아 끈을 끼우는 구멍을 만든다.
7 그림처럼 한쪽 구멍에 하나씩 끈을 끼워 빼서 매듭지으면 완성된다.

종이 재질 원단으로 만든 필통 1

입체형 만들기

재료

크라프트 종이 원단 1/4마, 안감용 원단 1/4마, 도트 단추 한 쌍

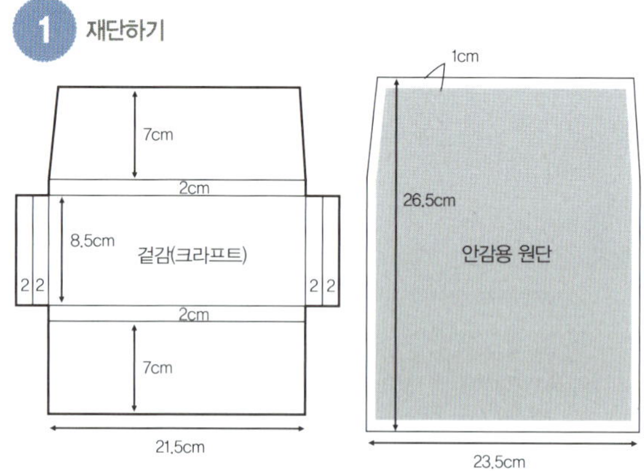

1 아래 사진대로 패턴을 그려 재단한다.
2 바닥과 윗뚜껑이 될 부분의 길이와 너비가 서로 맞도록 시접 여유를 1cm씩 두어 안감을 재단한다.

2 만들기

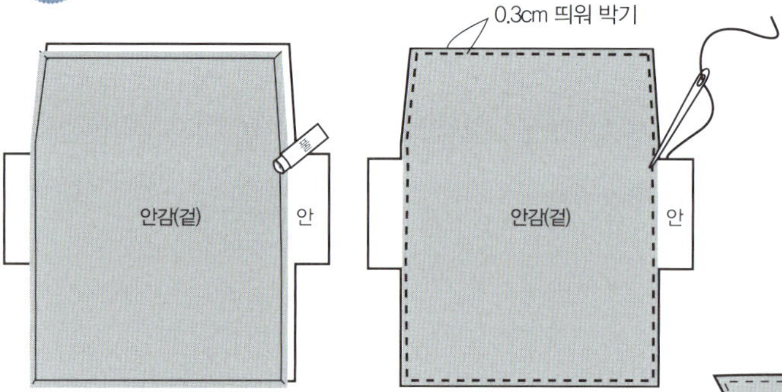

겉감(크라프트) 안쪽면에 대고 안감 시접접어 붙이기

풀로 붙인 후 가장자리 홈질

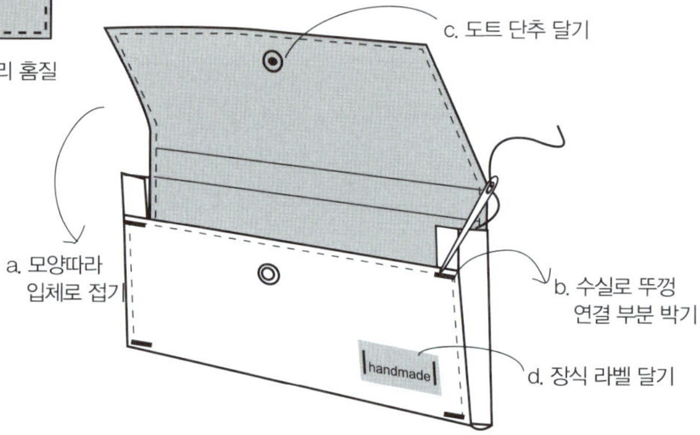

3 안쪽으로 시접을 꺾어 접고 풀을 이용해서 종이 원단의 안쪽 면에 붙여 고정한다.
4 가장자리를 따라 0.3cm 띄우고 상침한다.
5 도안선을 따라 종이 원단을 입체가 되도록 접는다.
6 앞면 아래가 옆면과 만나 고정되도록 굵은 수실로 두어 번 홈질해 연결한다.
7 도트 단추 한 쌍을 위와 아래에 나눠 단다.
8 라벨로 장식한다.

종이 재질 원단으로 만든 필통 2

평면형 만들기

재료

크라프트 종이 원단 약간, 가죽 원단 약간

1 재단하기

뒷면
(크라프트)

6.5cm
19cm
19.8cm
8cm

앞면
(크라프트)

9.6cm

가죽 원단

0.8cm
1cm
1.5cm
0.8cm
12.5cm
9.6cm

2 만들기

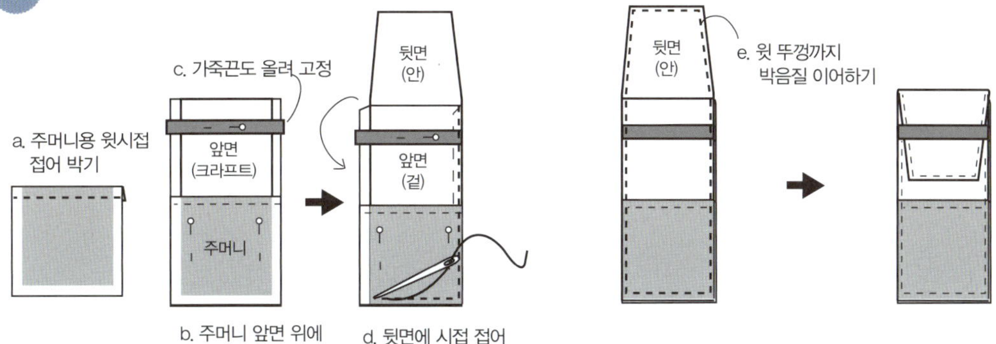

1 앞면 주머니가 될 원단의 윗시접을 1.5cm 안으로 접어 박는다.

2 1번의 주머니 원단을 앞면이 될 종이 원단의 아래쪽에 맞춰 위에 올린다.

3 앞면과 주머니 원단의 시접분을 같이 꺾어 접어 뒷면의 앞에 올리고 시침핀으로 고정한다.

4 뚜껑을 끼워 넣는 끈이 될 수 있도록 재단한 가죽 원단을 위치를 정해 끼운다.

5 앞면과 뒷면, 끈이 모두 고정이 되도록 두 장을 함께 박는다(이때 위쪽 뚜껑까지 박음질로 이어 박아 뚜껑에 장식 스티치가 되게 한다).

일하는 엄마는 아이들한테 늘 미안하다.

어린이집 종일반을 보내야 해 미안하고

많은 시간 함께 해 주지 못해 미안하다.

요즘은 어떤 책을 읽어줄지, 어떤 책을 사줘야 하는지 잘 알지 못해 미안하다.

이제 일곱살이 되니 남들처럼 본격적으로 어떤 교육을 시켜야 할 텐데

어느 학습지가 좋은지 어떤 교구프로그램이 좋은지 알지 못해 미안하다.

어쩌다 아이 친구의 엄마들을 만나면 도무지 알 수 없는 말들에

내 아이만 뒤쳐지나 하는 생각에 미안하고

또 그런 날에는 내가 나쁜 엄마는 아닌가,

내가 엄마 노릇을 잘못하고 있는 건 아닌가 하는 자책을 하게 된다.

그래서 그런 날 저녁이면 아이 얘기에 더 귀를 기울여 준다.

아이와 함께 그림도 그리고 요리 준비도 같이 해본다.

그리고 그날 저녁 한 권의 책을 더 읽어준다.

그러면 아이의 얼굴에 금세 깔깔깔 웃음이 가득 퍼진다.

그 웃음을 보며 오늘도 나 자신에게 핑계가 아닌 위안의 말을 해준다.

함께 오래 있는 것만이 중요한 것은 아니라고,
아이에게 무조건 계속 무언가를 해주어야만 하는 건 아니라고,
같이 있는 시간 동안 만큼은 열심히 아이와 눈을 맞추고
아이와 마음으로 대화하는 게 더 중요한 거라고…….
일하는 엄마인 나는 할 수 있는 만큼 최선을 다하여
지금 무척이나 아이를 잘 키우고 있는 것이라고…….

그러니 아이에게 미안한 마음에 우울한 기분을 갖기 보다는
열심히 내 일을 하고 또 아이와 함께 하는 동안 일은 다 잊자고,
앞으로도 나는 잘 할 수 있고,
일과 아이, 모두에게 당당한 엄마가 되겠다고,
내 아이 또한 그런 엄마를 자랑스러워할 거라고…….

Handmade Style
natural & vintage

어렵지 않은 '핸드메이드'를
소개합니다.

그린러버 prologue

타샤 튜더(Tasha Tudor)는 동화작가이자 삽화가이지만

내게는 살림에 대한 롤모델이자 스승이기도 하다.

낮에는 정원을 가꾸고 가축을 돌보다 밤에는 바구니를 만들거나 바느질을 하던 그녀, 타샤 할머니.

한 남자의 아내, 한 아이의 엄마로 살며 평범한 주부가 되어가는 모습이

때로는 내 스스로 못 견디게 싫어지는 날이 있다.

반복되는 일상 속에서 가끔은 습관처럼 한숨을 쉬기도 했다.

하지만 문득 드는 생각,

"타샤 튜더 할머니의 일상도 나의 것과 그리 다르지는 않잖아?"

오롯하게 나만의 특별한 물건을 만들어내겠다는 사랑스러운 고집!

다행이다. 내 속에는 참으로 못 말리는 열정이 숨어 있으니까.

장롱 속을 뒤져 오래 전에 입던 옷이나 가방을 꺼내 먼지를 툭툭 털어내곤

호기롭게 쭉 뜯거나 잘라내 만들기에 골몰한다.

뚝딱! 낡은 듯, 헤진 듯, 세상 하나뿐이라 더 소중한 '빈티지' 핸드메이드 작품이 탄생!

예술가가 된 착각에 빠져들며

다음에는 또 무엇을 만들어볼까, 곰곰이 생각에 잠긴다.

우아하게 앉아 카모마일 향이 피어오르는 찻잔을 들여다보는 시간에 행복감이 밀려온다.

나? 살림하는 여자, '그린러버'랍니다.

20년을 나와 함께한 멜빵바지, 넉넉한 빈티지 여행가방으로 변신!

빈티지 여행가방

이 세상에
딱 하나뿐인 물건을
만들고 싶어!

손으로 이것저것 만들기를 좋아하지만, 사실 나는 아직도 모르는 게 참 많은 핸드메이더.

모르는 것 투성이면서도 무언가를 만들 때 겁 없이 덤벼들고 또 실패할 걸 두려워하지 않는 나.

오늘도 나는 씩씩하게 바느질을 한다. 이렇게 저렇게 만들다 보면

나를 닮아 조금은 멋대로이면서 제법 괜찮은 작품들이 나온다.

작은 물건이라도 거기에 내 에너지와 정성을 쏟으면서 골몰하고

새로운 생각을 펼치는 하루하루가 무지 행복하다.

앞으로도 격식이나 정해진 관습에 얽매이지 않고 이런 저런 시도를 할 줄 아는,

자유분방한 핸드메이더가 되고 싶다.

'자유로움'은 내가 꿈꾸는 핸드메이드의 정의를 한마디로 가장 잘 나타내는 말일 거다.

여기에서는 앞으로 보여줄 작품들 중

가장 자유분방하고 '빈티지'한 나의 첫 번째 작품을 소개할까 한다.

20년 동안 서랍 속에서 잠자고 있던 멜빵바지로 만든 여행가방!

어느 날 작은 구제가게에서 뜻하지 않게 찾아낸 보물처럼 '빈티지'한 느낌이 줄줄 흐르는,

이 세상 단 하나뿐인 여행가방이다.

"세월이 묻을수록 그 빛바램마저 근사해질 편안한 여행가방을 만들고 싶었어…….
손에, 눈에, 그리고 가슴에 익을 대로 익어 조금은 낡았지만
품이 넉넉하여 훌쩍 떠날 때면 꼭 찾게 되는 여행가방 말이야."
그저 낡아 보이는 것만이 아닌, 나만의 의미를 담고 싶어서
내 어린 시절부터 오랜 사연을 가지고 있는 재료를 찾아냈어!
나의 많은 역사를 어쩌면 모두 알고 있을지 모르는 친구.
장롱 문을 거칠게 열고 내 20년지기 멜빵바지와 애틋한 재회를 했다.

"우리, 다시 친해져볼까?"

푸른 것들을 만나면 묘한 안도감이 생긴다.

듬직하고도 넉넉해 보이는 내 가방.

풀밭에 대강 던져놓아도 꽤 멋져 보이는 걸?

내가 원하는 대로 컬러와 촉감, 그리고 추억이 이 가방에 한껏 담겼다!

세상에 단 하나뿐인 가방이다.

게다가 나만의 감성이 담겨 있어 더욱 특별하지 않겠어?

어깨에 둘러 매면 오래된 좋은 친구와 함께 여행을 떠나는 기분이다.

한적한 풀밭 공원으로의 소풍이든 일상으로부터 멀리 떨어져 떠나는 여행이든,

그게 어디든 좋다.

가방의 넉넉함이 마음까지 푸근하게 해줄 것이다.

＊20년이 된 멜빵바지로 만든 가방.
오래된 듯, 살짝 낡은 느낌이 포인트다.

HOW TO MAKE 230P

바람냄새가 난다. 상쾌한 바람이 아주 시원하고 좋다.

나에게 무언가를 만드는 일은 바람 부는 곳에 서 있을 때처럼 가슴이 탁 트이는 즐거움을 준다.

나 자신을 활짝 열어 마음을 쓰고 정성을 쏟아 새로운 것을 창조해내면

세상과 내가 소통하는 느낌마저 들곤 한다.

그게 내게는 '핸드메이드 놀이'인 것이다.

지금부터 푸르른 초록색을 사랑하는

그린러버 씨의 핸드메이드 이야기가 본격적으로 시작된답니다!

자, 우리 함께 행복한 꼼지락 세계로 떠나 볼까요?

안 입는 청바지를
설렁설렁 리폼하자!

청바지로 만드는 빈티지 크로스 백

하나도 복잡하지 않은
방법으로
귀여운 가방이 뚝딱!

소녀처럼,
청 주름 크로스 백

소녀가 되고 싶은 그런 날이 있어.

여자라는 말, 엄마라는 이름 말고

마치 사탕냄새가 날 듯, 우유빛깔의 간지러운 느낌, 소. 녀.

까르르, 웃음을 터뜨리며 예쁘게 미소 짓는 소녀가 되고 싶은, 그런 날이 있어.

매일 똑같이 반복되고 되풀이되어 때로는

눈물겹게 힘들던 일상, 하루 하루들.

'하루'라는 시간의 궤적 속에서 나의 몸과 마음은

여린 날갯짓을 하다가 다치거나 상처투성이가 되기도 했어.

욕심 없이, 내가 가진 만큼, 내 색깔의 깊이와 질감만큼,

딱 그만큼만 행복하게 살고 싶어.

그러나 평범한 주부의 일상이란 게 뭐 그리 특별할 게 있을까?

다람쥐가 쳇바퀴를 돌 듯 익숙하고도 무덤덤하여

재미없는 살림살이라 느껴질 수도 있겠지.

그렇지만 내 속에는 못 말리는 열정이 숨어 있는 걸?

두 번 다시 돌아오지 않는 '그 순간의 특별함'을

오롯하게 나만의 느낌으로 직접 수놓고 싶은 욕심과 고집 말이야.

하루라는 시간은 쓸쓸한 바람 같아서 아무리 움켜쥐려 해도

어느새 손가락 사이를 빠져 나가곤 하지.

그래서, 머물지 않기에 더 애틋한 그 순간들을

'천'이라는 도화지 위에 고스란히 새기고 싶은 거야.

생생한 나만의 느낌으로 특별한 하루를 그려내자! 사고를 치자!

마음이 꿀렁꿀렁하던 어느 날, 묵직한 재단 가위를 들고

제일 만만해 보이는 낡은 청바지 하나를 골라내 내 마음대로 잘라버렸어.

무언가 속이 시원해지는 기분이야. 그래, 나는 살고 있다.

살아지는 게 아니고 제대로, 내 방식대로 이렇게 살고 있을 뿐인 걸.

만들고 나니 제법 깜찍하고 가볍다. 무엇보다 만들기 쉬우니 참 좋다구!

설렁설렁 어렵지 않은 방법으로 재미나게 만든 수제 리폼 가방이 최고야, 최고.

나는 아들 녀석과 함께 놀이터로 마실을 갈 때마다

슬쩍 이 가방을 헐렁하게 매고 나가곤 해.

그래서 '놀이터 마실 가방'이란 애칭을 붙여주었어.

점점 때가 묻고 손이 가면서 이 수제 리폼 가방과 자꾸 정이 드는 것 같아.

나의 손길을 타면서 각별해지는 것들이 늘어가고 있는 요즈음,

감사함을 배우고 있는 것 아닐까.

실용적이면서 발랄한 느낌,
빈티지 포켓 크로스 백

소녀풍의 청 주름 백이 하늘하늘 가벼운 스타일이라면

빈티지 포켓 크로스 백은 좀 더 실용적인 디자인이라고 할 수 있어.

요 빈티지 포켓 크로스 백은 보통 가벼운 산책을 할 때나 장을 보러 나갈 때에

듬직하게 옆구리에 매고 나가면 좋아.

특별한 외출이 아니면 나는 두 손이 가벼운 크로스 백을 주로 선호하는 편이지.

격식 같은 것으로부터 벗어난, 뭐랄까, 자질구레한 잡화로부터

아찔하게 자유로워진 기분이라고나 할까?

이상한 일이야. 어른이 되면 가방은 점점 커지고

점점 더 무거워지고 또 형식화되니까 말이야.

개성 없이 뻔하고 브랜드만 따지는 어른들의 가방 스타일은 왠지 재미없잖아?

좀 더 재미있고 편리한 가방을 만들어보자고.

청바지는 그 핏이나 색상이 은근히 유행을 타서,

유행이 지나고 나면 쉽게 버리게 돼.

하지만 오래된 세월의 깊이만큼 낡고 색이 바랜 추억의 청바지는

그만큼 묘한 빛깔을 가지고 있어.

주름만 잡아 금세 후다닥 만들어낸 소녀풍 주름 크로스 백

그리고 깜찍하고도 정감 가는 빈티지 포켓 크로스 백.

온전한 내 마음과 느낌이 담긴 '내 가방'이라는 생각에 무지 뿌듯하고 설렌다.

*유난히 빛바랜 데님을 좋아하는 그린러버.
　내 추억과 감성이 고스란히 담긴 가방 3총사가 모였다.

HOW TO MAKE 236, 240P

LEVI STRAUSS & CO.
ORIGINAL RIVETED
QUALITY CLOTHING
217   W 74 L 86

작아진 아이 옷으로
괴나리봇짐 배낭 만들기

괴나리봇짐 배낭

나의 천사 꼬맹이와
떠나는
소풍

꼭 하루만큼씩 자라나는 아이들의 옷에는 추억이 고스란히 묻어 있다.

내 아이에게 아이가 입다가 작아진 옷으로 가방을 만들어 선물하고 싶었다.

작아진 품, 짧아진 기장. 그 세월의 깊이만큼 성숙해지고 부쩍 자라난 아들.

사소하고 단편적인 기억마저 소중해서,

나는 아이가 아끼던 옷과 신발, 소품 등 어느 하나 쉽게 버리지를 못한다.

내 아이의 살이 닿았던 그 익숙하고도 친근한 느낌을 아이가 오래오래 누리도록,

이 엄마가 새로운 디자인으로 만들어 선물해야지.

반짝반짝 빛나는 새 것의 화려함도 좋지만

낡고 익숙한 것의 아름다움을 아는 아이로 자라주길 바란다.

그리고 그런 아름다움을 닮아 눈빛이 깊고 햇살처럼 밝고 따사로운 아이로 자라주었으면……

로봇 장난감 하나,

물병 하나,

필통 하나,

그리고 삐뚤빼뚤 낙서 같은 작은 글씨들이 적힌 연습장 하나.

아이가 꼭 챙기는 가방 속 단짝 친구들이다.

이 가방을 매고 아이와 나는 시간 날 때마다 강으로, 들로, 자연의 품으로 소풍을 나간다.

나는 이 가방에 '괴나리봇짐'이라는 정겹고 구수한 애칭을 지어주었다.

나그네의 보따리처럼 아이의 가방은 아이가 좋아하는 물건들로 늘 그득그득 차 있기 때문이다.

살짝 못생긴 이 가방이 나는 참 좋다.

내 아이와 나의 행복한 숨결이 앙상블로 느껴지는 것 같다!

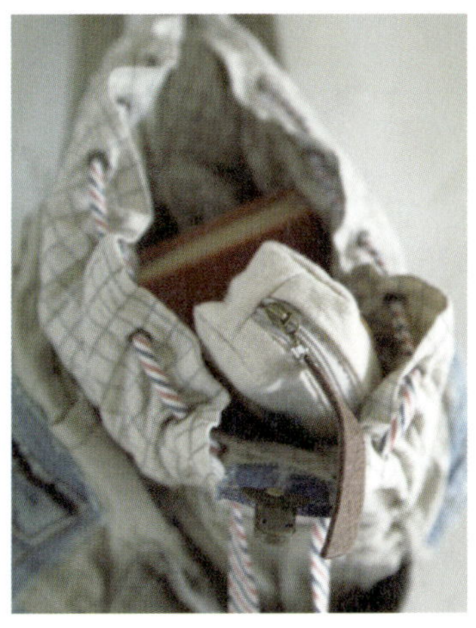

"엄마는 어제 여행이 어땠어?

음, 나는 땅도 바다도 너무 아름다웠어.

사람들이 너무 많아서 너무 아름다웠어.

모래랑 조개랑 꽃게도 정말 너무 너무 아름다웠어.

아! 행복해! 엄마, 나 피곤하다. 이제 잘래요.

엄마도 예쁜 꿈 꿔요. 엄마, 사랑해요!"

바닷가에서 본 것들을 이야기하며 신나게 재잘대다가 아이는 어느새 잠이 들었다.

잠든 아이의 머리를 가만히 쓰다듬는데 괜스레 눈물이 핑 돈다.

이 못난 엄마는 너에게서 참 많은 것을 배운단다.

그래. 우리 천사와 함께 바라본 바다와 모래, 조개껍데기, 작은 게,

그리고 사람들은 너의 말처럼 아름다웠어.

그런데 그거 아니? 엄마는 그 중 네가 가장 아름답단다!

감동쟁이 엄마를 닮아 아주 작고 사소한 것에도

크게 기뻐하고 감사할 줄 아는 우리 예쁜 아들…….

사랑한다, 나의 볼 탱글, 아름다운 천사야!

*엄마 옆에서 뛰어다니며 웃는 아이의 모습이
　나의 행복인 것 같다.

HOW TO MAKE **244P**

APPLE SMILE
CLOTHING
APPLE SMILE

기분에 따라 골라 쓰자

티슈커버

속닥속닥,
말을 걸 것 같은
예쁜 아이템

살림을 하다 보면 소소하고 일상적인 아이템의 변화에서 뜻 모를 설렘을 느낀다.

작고 투명한 유리병에 꽂힌 초록 잎사귀가 머금은 햇살 한 줄기.

주방 선반에 매달아둔 알록달록 손뜨개 컵 받침.

그리고 휴지를 한 장씩 톡, 톡, 뽑아 쓸 때마다

괜스레 눈길 한 번 더 가게 되는 핸드메이드 티슈커버.

뭐, 이런 평범한 것들 때문에 기분이 이유 없이 좋아지기도 하는 것이다.

조용한 일상에 살랑살랑 불어오는 향기처럼 이렇게 작은 것들이 마음을 흔들 때가 있다.

귀를 간질이며 속닥속닥 말을 걸어올 것 같은 소소한 아이템,

그래, 느낌 있는 티슈커버를 만들어보자!

우리 집 주방에는 세 가지 느낌의 세 가지 티슈커버가

각각 제 위치에서 사이좋게 매달려 있다.

첫째는 정수기 위에,

둘째는 냉장고 문 앞에,

셋째는 아일랜드 식탁 옆에…….

한 식구처럼 나란히 걸려 있는 모습이 정겹고도 포근하다.

가끔 가슴에 바람이 부는 날이면 세 녀석 중

제일 먼저 손에 잡히는 녀석을 헐렁한 가방에 넣고서

바다로, 숲으로 스윽 떠나곤 한다.

눈물이 흐르면 흐르는 대로, 콧물이 나오면 나오는 대로,

휴지를 톡, 매정하게 뽑아 얼굴을 닦아내며

웃어야지, 힘을 내야지, 나를 다독인다.

그러고 보면, 요놈!

제법 위로가 되는 든든한 녀석이다.

＊파우치들이 모여 떠드는 소리가 제법 수다스럽다.
　지난 여름 기운 빠져 지내던 제 주인의 흉을 보는 것만 같다.

HOW TO MAKE 250P

FRUIT
frEsh hO

세상에 하나뿐이니 생색 내자!
이모 표 출산선물

아기이불 set

소중한
내 사람들에게 전하는
특급 프로젝트!

아이는 하루 종일 색칠공부 책을 칠한다.

나비도 있고 꽃도 있고 구름도 있고 강물도 있다.

아이는 금 밖으로 자신의 색칠이 나갈까 봐 두려워한다.

누가 그 두려움을 가르쳤을까?

금 밖으로 나가선 안 된다는 것을 그는 어떻게 알았을까?

나비도 꽃도 구름도 강물도 모두 색칠하는 선에 갇혀 있다.

엄마, 엄마, 크레파스가 금 밖으로 나가면 안 되지? 그렇지?

아이의 상냥한 눈동자엔 겁이 흐른다.

온순하고 우아한 나의 아이는 책머리의 지시대로 종일 금 안에서만 칠한다.

내가 엄마만 아니라면 나, 이렇게, 말해버리겠어.

금을 뭉개버려라. 랄라. 선 밖으로 북북 칠해라.

나비도 강물도 구름도 꽃도 모두 폭발하는 것이다.

살아 있는 것이다. 랄라.

선 밖으로 꿈틀꿈틀 뭉게뭉게 꽃피어나는 것이다.

위반하는 것이다. 범하는 것이다. 랄라

— 김승희 시인의 '제도' 中에서

마오야, 안녕?

엄마랑 이모는 비록 피 한 방울 섞이지 않았지만

그보다 더 끈끈한 우정으로 매일같이 모여 맥주를 한 캔씩 해치우던 사이란다.

약간은 변덕스럽고 시끄러운, 그래 그래, 맥주홀릭 '그린러버' 이모야.

너 내 목소리 기억하지?

이 아이들로 말할 것 같으면 너의 여름 날의 곤한 숙면을 책임질,

보송보송 여름이불과 방수 팍팍 블랭킷 파우치란다.

아마 예상대로라면 '어흥!' 호랑이 기운이 솟아난다는 백호 해,

그것도 용맹한 사자자리의 달 즈음에 태어날 네가

벌써부터 이 이모는 마구 마음에 드는데, 마오도 이런 이모를 좋아할까?

호랑이 해에 태어나는 사자자리의 내 조카라니!

암! 남자는 사내답게 씩씩한 구석이 있어야 하지!

아 참, 수다쟁이 불독 엉아(엉아는 원숭이 띠란다!)도 마오에게 선물을 하고 싶다고 아우성이라

패브릭 펜과 아이언 어태치(Iron Attach) 원단을 챙겨주었더니 그림 두 장을 꼬물꼬물 그려주었어.

엉아가 그린 마오 엄마의 배를 보렴.

마오가 아직 엄마 뱃속에 있어서 엄마 배꼽이 뽈록 나온 모습을 엉아가 그렸어.

마오 엄마와 마오 아빠의 손이 왜 이렇게 커다란 걸까?

그건 마오를 떨어뜨리지 않고 포근하게 안아줘야 하기 때문이래.

아이쿠, 엉아의 설명을 듣다가 이모야는 그만 눈시울과 콧잔등이 시큰했지, 뭐야!

패브릭 펜슬이 세 가지 색밖에 없다고 엉아가 무지 아쉬워하는 바람에
끈적끈적한 파란색 패브릭 물감을 건네주었더니
단박에 네 이불을 파랗게 물들여버렸네.
그래도 네 이불에 잔뜩 하트를 그려 넣은 엉아의 마음이 보이니?
엉아가 네 얼굴에 물감이 번졌다고 미안하다고 전해달래.
네 옆에 누워 있는 엄마는 그새 배가 홀쭉, 날씬해졌구나!
해바라기 딸랑이를 들고서 말이야.
너를 빨리 보려고 부리나케 회사에서 돌아온 키다리 아빠와
웃고 있는 야옹이의 모습도 보이지?

마오의 여름이불은 이모가 평소 만드는 스타일과 조금 다르게 시도해봤다!

둥글둥글 부드럽고 심플한 스타일이 너도 마음에 들었으면…….

요 이불, 100% 유기농 코튼이란다! 히히.

저기 이불 둘레를 모두 손으로 스티치 넣다가 이모는 정말 허리가 끊어지는 줄 알았다구.

원래 이모가 얌전히 앉아 반복적으로 하는 작업에 굉장히 약하단다.

그러니 이 이불을 덮을 때마다 이모를 생각해줘야 해!

금세 다가올 겨울에 대비해서 이모가 겨울용 이불도 하나 더 만들었지롱.

'무형광 타올지'라는 원단을 이용해서 톡톡하고 두툼하게 만들었지.

이곳 저곳 여행하기 좋아하는 마오의 아빠와 엄마를 위해

이불을 넣고 다닐 가방도 이모가 보너스로 만들었어.

톡톡 튀는 빨강머리 앤 앤디 인형도 살짝 달아줬단다.

요 겨울용 이불은 모두 20개의 조각을 모아 붙인 거야.

하나하나 다이아몬드 퀼팅을 넣어주느라 이모 손가락이 많이 아팠어.

나중에 이모 오른쪽 두 번째 손가락에 '호야' 무지 많이 해줘야 한다, 알았지?

눈치 챘겠지만 이모는 엄청난 엄살쟁이거든. 하하.

톡톡한 타올 블랭킷을 살짝 뒤집으면 뽀얀 베이지색이야.

양면으로 바꿔 써도 좋을 것 같지?

가벼워서 여름날 물놀이를 갈 때,

가방에 쏙 챙겨 가지고 나가면 좋을 거야.

HOW TO MAKE 257, 258, 259P

마오야!

말랑 말랑한 이모의 사랑을 가득 담은 선물들이 널 기다리고 있어.

얼른 세상에 나와서 씩씩하고 활기찬 천방지축 소년으로 커주렴.

말썽 피우다가 엄마한테 혼나서 도망갈 곳이 없으면 무조건 이모네 집으로 뛰어와.

엉아랑 이모가 마오를 든든하게 지켜줄 테니!

사랑한다 마오야.

이모는 네가 많이 많이 보고 싶구나.

따뜻한 지구별로의 여행을 진심으로 환영해!

아빠와 엄마, 그리고 엉아와 이모는 마오가 '짠!' 하고

나타날 날을 손꼽아 기다린단다!

이모가 만든 이불을 덮고 쿨쿨 잠든 너의 모습을 상상하면서

엉아와 이모는 또 너에게 줄 다음 선물을 계획하고 있어.

엉아와 이모는 너의 무지 좋은 친구가 될 것 같다는 예감이 들지 않니?

어디론가 훌쩍 떠나고 싶은 날

'빵가루' 사각 가방

사이다 방울이 터진다.
톡, 톡, 톡.
자유롭고 싶어.

이 가방을 만든 계절은 지난 여름이었다.

마치 나도 모르게 몸에 밴 습관처럼 끈적대는 권태로움에 무기력해지는 계절이었다.

지루한 여름을 이겨내려는 듯, 무더운 여름내 사이다를 입에 달고 살았다.

유리컵에 따라놓은 사이다 속에서 기포 방울이 톡! 톡!

내 삶 속에도 퐁, 하고 떠오르는 새로운 무엇이 필요한 시간이었다.

그렇게 갑자기,

빈티지한 가방을 만들고 싶어졌다.

이름은 '빵가루 사각 가방'이 되어버렸지만

만드는 내내 사이다를 마셔서 그런지 이 가방을 볼 때마다 나는 사이다가 생각난다.

가방을 완성하고 나자, 나는 짜릿하게 떠나고 싶어졌다.

흔들리고 아프고 외로웠던 지난 여름, 그것조차 '살아 있다'고 깨닫는 특권처럼 느껴졌다.

떠나고 싶은 날은 언제든지 훌쩍 떠날 테야.

하지만 잊지 말아야지.

이 사각 가방을 들고 떠날 때에는 꼭 시원한 사이다 한 병을 챙겨 넣어야 한다는 사실을!

*신기하게도 이 가방은
나만 보면 떠나자고 보채는 것만 같다.
아…… 여행가고 싶다……

HOW TO MAKE 260P

사각사각 얼음 같아, 끈적한 여름 쿨하게

썸머 방수 파우치

한여름,
얼음 물통도 지켜주는
단짝 친구!

여름밤은 아름답구나. 여름밤은 뜬눈으로 지새우자.

아들아, 내가 이야기를 하마.

무릎 사이에 얼굴을 꼭 끼고 가까이 오라.

하늘의 저 많은 별들이 우리들을 그냥 잠들도록 놓아주지 않는구나.

나무잎에 진 한낮의 태양이 깜짝깜짝 깨워놓는구나.

너는 밤새 물어라.

저 별들이 아름다운 대답이 되어줄 것이다.

아들아, 가까이 오라.

네 열 손가락에 달을 달아주마.

달이 시들면 손가락을 펴서 하늘가에 달을 뿌려라.

여름밤은 아름답구나.

짧은 여름밤이 다 가기 전에(그래, 아름다운 것은 짧은 법!)

뜬눈으로 눈이 발개지도록 아름다움을 보자.

– 이준관의 '여름밤' 中에서

여름을 내 마음껏 알알이 다 살아내지 못한 것만 같은데

온 몸 구석구석으로 무심한 가을 바람만 스산하게 스며들고 있다.

그래도 봄에 만들고 여름 내내 한껏 애용한 요 '사각사각 썸머 파우치'를

물끄러미 보고 있자니 내 안에서 못내 다 삭히지 못한

한여름의 따가운 열기가 소란스럽게 북적거린다.

이천십 년의 칠, 팔월을 나와 함께했던 여름 질감을 닮은 작은 파우치.

가족과 놀러 간 해변가에서, 또 수영장에서 자기 역할을 꽤 충실히 해낸 친구랄까?

아이의 장난감 카메라도, 뽀로로 얼음 물통도 잘 지켜주었으니까.

그렇게 아쉽기만 한 여름의 기억은 요 작은 녀석과 내가 함께 나눠 가졌다.

그 서걱거리는 질감이 내가 간직하고 싶은 비밀도 지켜줄 것처럼 못내 아삼삼하다.

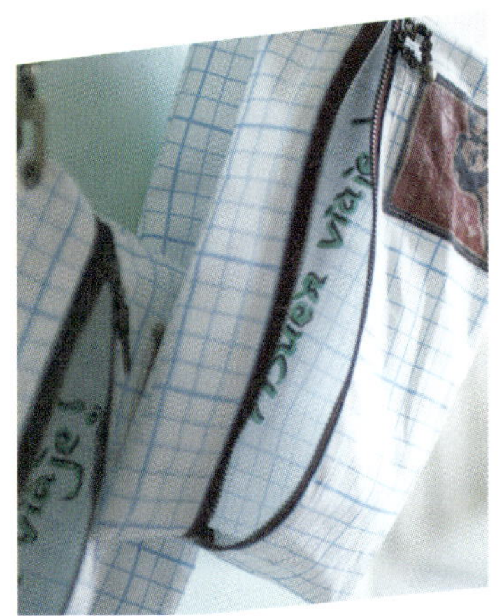 

사실, 땀을 삐질삐질 흘리며 요까짓 파우치를 만들겠다고 수선 떨지 않아도
비싸지 않은 값에 널리고 널린 게 파우치다.
그러나 나는 사소한 물건이라도 만들어내는 과정 속에 담긴 이야기들을 소중히 생각한다.

난 'Seeker'가 아닌 'Maker'로 살고 싶다.
내가 생각하고 느끼는 감정들을 창작해내는 물건에 오롯하게 담아낸다.
그렇게 하나 둘씩 천천히 만들어내다 보면 그 과정들이 '아, 내가 정말 살아 있구나.' 하는
사실을 느끼게 해주는 것만 같으니까.

그러니까 나는 오늘도 신나는 Maker,
그리고 못 말리는 Happy Handmader!

틈틈이 만들어둔 소품들이 여행가방을 꾸릴 때마다 그 안을 가득 채운다.

아, 요 귀여운 녀석들!

열심히 살아온 내 삶의 체온이 고스란히 묻어 있어 애틋한 핸드메이드 소품들이다.

좋다, 이런 느낌!

어쨌든 나에게는 세상 최고로 특별한 물건들이니까.

소소한 물건들을 만들어내 일상 중에 때가 타도록 만지고 닳도록 사용하는 것이

이제는 나에게 너무 큰 의미가 되어버린 것 같다.

유행을 타는 물건들은 적응할 틈도 없이 빠르게 변해버리니, 쳇, 재미없기도 하다.

하지만 내가 만든 소품들은 각자의 근사한 이야기를 가지고

빛이 바래가면서 더 멋있어진다. 잘 자라준 아들내미처럼!

내 손을 타고 태어난 파우치며 가방, 앞치마 따위를 보면서 오늘도 엄마 미소를 짓는다.

녀석들, 누굴 닮았는지 참 잘 생겼단 말이야!

*파우치를 만드는 방법이 아무리 어렵지 않더라도 손이 가는 일이니 귀찮을 법도 하다. 게다가 화장품 두어
개만 사도 쉽게 얻는 파우치인 걸 귀찮게 만들기까지 하냐며 묻는 사람도 있다. 그러고 보면 나는 어쩔 수
없는 핸드메이더인 것 같다. 당시의 감정을 녹여내고 나만의 이야기를 가진 소품 만들기가 이렇게 즐거운
것을 보면 말이다. 일종의 '예쁜 중독'이랄까?

HOW TO MAKE 264P

때로는 이런 가방이 필요해.
더 낡아져라, 때 탄 모습도 멋스러울

청포켓 쇼핑 컨버스 백

낯선 골목을
헤매는
보헤미안처럼……

"역시, 당신이 끓여주는 찌개가 제일 맛있는 것 같아."

"우리 아들, 오늘따라 더 멋있어 보이네!"

짧은 한 마디의 칭찬은 듣는 사람을 행복한 기분에 퐁당 빠뜨릴 수 있지.

오죽하면 고래까지 춤을 추게 만들까!

책에서 보았는데, 칭찬은 건강까지 책임져줄 수 있대.

칭찬을 받으면 몸에서는 저절로 엔돌핀이 생성되어서 룰루랄라, 기분이 좋아진다잖아.

게다가 사랑에 빠지면 벌써 뇌에서는 다 알고서 몇 가지의 화학물질,

즉 호르몬이 분비되는데, 도파민과 페닐에칠아민, 옥시토신, 아드레날린,

그리고 엔돌핀이 그것들이래.

(호르몬 이름들은 좀 어렵지만, 아, 사랑! 언제 들어도 가슴 뛰는 말!)

아무런 이유도 없이 하루 종일 울적하고 꿀꿀해서 사랑의 호르몬은 커녕,

건강을 해치는 호르몬들이 내 안에 엉켜 붙는 기분일 때가 있어.

그럴 때마다, 눈을 감고 앉아서 말랑말랑한 다섯 가지 호르몬들을

상상 속에서 만들어보는 일.

음악을 크게 틀어놓고 멜로디를 흥얼거리며 칭찬 받은 고래처럼 막춤을 추는 일.

사랑하는 이를 위해 꼼지락꼼지락 선물을 준비해보는 일.

야호! 지친 세포들이 몸속에서 뜨겁게 돌며 뛰는 것 같아.

이 가방을 만든 날도 멜랑콜리, 기분이 별로인 날이었어.

그런데 가만히 기분을 다스리다 보면 문득 떠오르는 사람이 꼭 있더란 말이야.

표정만으로도 내 마음을 알고 푸짐하게 밥상을 차려주며

무심히 밥숟가락을 던져줄 것 같은 친구의 이름이 뿅, 하고 떠오른다.

생각만으로도 엔돌핀이 팍팍 돈다.

참 싱그럽고 아름다운 내 사람.

웃는 친구의 얼굴을 마음 속에 떠올리며 그녀에게 어울리는 원단을 골라보았어.

천을 자르고 디자인을 맞춰가는 모든 과정이 그렇게 짜릿할 수가 없어.

갑작스런 선물을 받고 너는 많이 기뻐해줄까?

만드는 동안은 오로지 그 사람만 생각할 수 있으니까,

온전한 '마음 쏟기'의 시간에는 사랑도, 우정도, 게다가 건강도 'Up'되는 것 아니겠냐고 말이야!

여행이나 쇼핑에 모두 잘 어울릴 테니 이런 루즈한 가방은 활용도가 높을 거야.

게다가 낡을수록 해질수록 더욱 멋스러워질 텐데, 정말이지 명품이다, 명품!(자화자찬!)

'청포켓 쇼핑 컨버스 백'을 소개할게.

낯선 도시를 여행하다가 벼룩시장이나 장이 선 길다란 골목에 들어설 때가 있잖아, 왜.

그곳에서는 많은 사람들이 인심 좋은 얼굴로 이것 저것을 사고 파는 모습을 구경하며

어슬렁어슬렁, 구경꾼이 되고 싶어지지.

그런 날을 대비해 미리 이런 쇼핑 가방 하나를 메인 가방 속에 쏙 숨겨가는 거야.

이 쇼핑 컨버스 백의 특징이라면 반을 접어 매거나 길다랗게 쫙 펼쳐 들 수 있다는 것 아니겠어?

은근히 빵빵한 수납이 가능하다는 게 이 가방의 매력이지.

비닐 봉투나 종이 봉투 대신 나만의 쇼핑 컨버스 백에 멋스럽게 추억을 담아오는 거야.

줄무늬 컨버스는 유럽의 어떤 카페를 떠올리게 하는 감성이 엿보여.

필요 없는 비닐이나 봉투를 받지 않겠다는 준비자세 또한 기특하잖아.

아마 낡을수록, 해질수록 더욱 멋있어지겠지?

루즈한 너에게 잘 어울린다면 좋겠다…….

XXXXXX · XXXXX

*낡은 운동화와 잘 어울릴 거야.　　　　HOW TO MAKE 266P

시장에 갈 때나 커피를 마시러 갈 때, 또 여행을 떠날 때

이 마음 넉넉한 가방이 너와 함께 해주면 참 좋겠어.

예쁘게 물이 빠진 청바지에 낡고 때가 탄 컨버스 운동화를

헐겁게 구겨 신고는 느긋하게 걷는 너의 모습을 상상해본다.

혹시 한적한 부암동 골목을 혼자 걷고 있다면

나를 떠올리곤 꼭 전화해주기다?

morrow
Homestead
BRAND
KITCHEN MAGNET
egard
Rennnet
Bockbier
42-04

영화 속 그 냉장고처럼,
뻔한 냉장고를 '빈티지'하게 꾸미자

빈티지 냉장고

"엄마,
우리 집 냉장고는
멜론 맛이에요?"

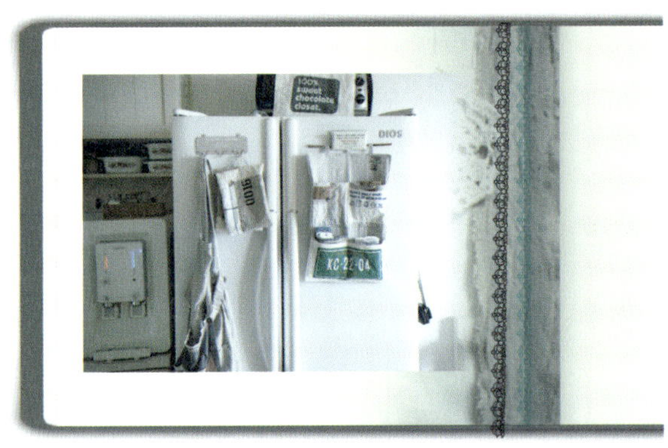

아아, 세상이 너무 빠르게 변해서 어지러워.

세상이 미친 속도로 변화해간다.

그만큼 수많은 가전제품들이 무섭도록 진화하고 있다.

새롭고 다양한 디자인의 제품들이 앞다퉈 나오고 있기는 한데,

왠지 컬러나 디자인은 오히려 진부하고 식상해진다는 생각이 든다.

요즘 가전 제품들은 최첨단화에 럭셔리함을 드러내느라

'삶의 향기'가 느껴지는 디자인을 놓치는 것만 같단 말이야.

때로는 황학동 골목에서 찾아낸 골동품 전축 같은 것들이 그립다.

클래식한 멋은 시간이 도와주지 않으면 결코 쉽게 드러나지 않으니까 말이다.

나는 인생을 느리게 사는 사람인 것 같다.

천천히 앞으로 걸어나가며 내 인생이나 남의 인생을 느긋하게 바라보기 좋아하는 사람이라,

요즘처럼 세상의 속도에 뒤처지지 않으려고 긴장한 채 사는 게

너무 버겁고 피곤할 때가 많다. 솔직히 말하면 귀찮고 재미 없다.

좀 더 솔직하자면, 이 속도가 조금 무섭다.

내가 이 세상에서 제일 재미없고 시시한 디자인이라고 생각하는 것이 바로 '냉장고'!

매일 주방의 터줏대감처럼 365일 24시간 풀 가동되는 필수 주방 아이템인데

그 디자인은 진부하고 낡아빠진 채로 도통 변화가 없는 것 같으니

나는 정말 실망, 실망, 실망이라구.

난 무슨 무슨 '스마트 기능' 과 같이 복잡한 기능의 최첨단 냉장고를 원하는 게 아니다.

그래서 냉장고 문짝에 달라붙은 쪼매난 버튼들의 기능도 관심이 없어 제대로 사용해본 적이 없다.

오, 제발, 하루에도 수십 번쯤 마주하게 되는 이 친구를 좀 더 유니크하게 뽑아주세요!

이상하다. 자동차들도 수많은 컬러에 다양한 모양새를 가지고 있는데

냉장고는 한결같이 색상이나 모양이 그대로다.

이 개성 중요한 시대에 냉장고도 변화가 필요한데 왜들 몰라주는 거야?

이런 식어빠진 느낌의 냉장고는 생각하면 할수록 이해가 되지 않아.

나만 그런 건가? 히히.

그래서 내가 나섰다! 기대하시라구, 하하.

냉장고 리폼을 염두에 두고 큰 특징 없이

가장 단순한 디자인의 냉장고를 들이길 잘한 것 같다. 암암.

냉장고에 페인트를 발라줄 거야!

이 페인트는 듀파 2 in 1 에델글란즈. 독일 제품으로 인터넷에서 쉽게 구할 수 있다.

페인트와 바니쉬 마감이 한 번에 되는, 아주 놀랍고도 친환경적인 페인트라 할 수 있는 제품이지.

바닐라 색상의 페인트에 민트색과 오렌지색 조색제를 살짝 섞어주었어.

마음이 편안해지는 색상.

콕 찍어 먹어보고 싶을 만큼 예쁘다. 이런 색깔의 마카롱을 본 것 같은 걸?

뒤쪽을 제외한 앞쪽과 양 옆면을 중간 두께의 붓을 이용, 섬세하게 발라주어야 한다는 것!

아, 이 페인트는 정말 빨리 마르더군.

스윽스윽 붓이 쓸리는 그 기분이 정말 좋았어.

참! 다 마르면 한 번 더 꼼꼼하게 발라주는 거 잊지 말자구.

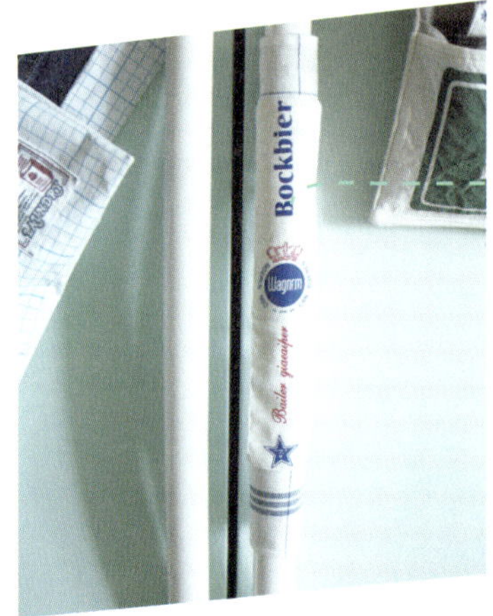

멋지게 변신한 냉장고를 보곤 한껏 고무되어

보너스로 몇 년 째 미뤄왔던 주방 타일벽도 천연 타일로 뚝딱 바꿔버렸다.

아, 그런데 냉장고를 리폼할 때와는 다르게 타일벽 작업은 정말 정말 힘들었다.

무엇이든 즉흥적으로 덤벼 항상 성공하는 건 아니라는 뼈아픈 교훈만 남긴 채,

온 몸 구석구석 파스 냄새가 진동을 한다. 에구구구, 허리야……

어쨌거나 외국 영화 속 어떤 시골의 아늑한 부엌에서 볼 수 있는,

혹은 어느 한적한 휴양지 리조트에서 만날 법한 냉장고가 되었지, 뭐야?

헨젤과 그레텔이 갔던 마녀의 과자집 안에 냉장고가 있었다면 이런 모양이었을지도 모른다.

박하사탕 맛이 날 것 같은 냉장고.

몸값 비싸기로 소문난 컬러풀 스메그(Smeg) 냉장고도 안 부럽다.

나의 그냥 그렇던 냉장고도 이렇게 '샤방'해질 수 있다구!

요즘 계속 디자인 재탕을 해 나오는 보석 박힌 꽃무늬 냉장고는 금세 질릴 것 같다.

나에게 냉장고 디자인을 맡겨주면 더 멋지게 만들 것만 같은데…….

달랑 냉장고 하나 변신시키고서 나는 기고만장해지고 만 것이다! 으하하.

뭔가 독특하고 상큼 발랄한 디자인이 우리나라에 좀 더 많아져서

사람들에게 선택의 폭이 넓어진다면 정말 좋겠다.

점점 발전되는 기술은 결국 인간의 생활이 더 나아지게 하기 위한 것이지만

가끔은 거기에 어떤 '정신'이 쏙 빠진 것처럼 느껴질 때가 있다.

새 것과 옛 것의 조화로움을 고려하지 않은 채 너무 세련되고

최첨단을 뽐내는 제품들이 쏟아지고 있는 것은 아닌가 생각해본다.

새로운 것들이 낡아빠진 것들과 함께 어우러졌을 때 거기서 의외의 생동감이 느껴질 수도 있지 않을까?

디자인도, 사람들의 생각도 많이 다양해졌으면 좋겠다.

여섯 살배기 아들 녀석의 말처럼, 멜론 맛이 날 것 같은 냉장고나

혀를 갖다 대면 톡톡 튀는 딸기 맛이 나는 밀대 걸레도 대환영이다!

영화 '호노카아 보이' 속
할머니의 주방에서 본
커튼이 갖고 싶었어

패치커튼

거실로 바람이 들어와요.
우리,
춤 출까요?

몽환적인 파스텔 톤의 화면 속에 아른하게 펼쳐지던 바다.

영화 속 배경과 아기자기한 소품들은 나를 정신 못 차리게 만들었다.

한 편의 파노라마 사진 같았던 영화, 호노카아 보이.

영상미가 무지 뛰어나다.

영화는 '사람은 누군가와 만나기 위해 살고 있다'는 말로 시작해서

'이곳 사람들은 죽으면 바람이 된다'로 끝이 나버려 내 마음을 살짝 아릿하게 했다.

두 문장 속에는 사람 살이의 평범한 진리가 따뜻하게 담겨 있다.

조용하고도 느린 속도로 흘러가기를 소망하는 내게 큰 여운을 남긴 영화다.

그래서 마음 울적한 날, 온 몸에 힘을 빼고 달달한 도넛 하나 입에 문 채

다시 돌려보고 싶은 영화이기도 하다.

영화를 보는 내내 나는 또 소리 없는 눈물을 떨구며 한껏 감상적이 되어버릴 테다.

물 흐르듯 그저 고요하고 쓸쓸하게 흘러가는 영화라서

이렇다 하게 중심이 되는 스토리나 반전 같은 것은 없지만,

장면들이 거느린 흐릿한 이미지들이 그리움처럼 머릿속에 자꾸 성가시게 떠오르는 영화인 것 같다.

그 잔잔하고 애틋한 여운들이

잊을 만하면 다시 밀물처럼 찰싹찰싹 가슴 밑바닥에서 파도쳐 온다.

특히 '비' 할머니의 주방 창가에 달려 바람이 불 때마다 살랑살랑 춤을 추던,

그 아름답고 눈부시던 빈티지 패치커튼!

아아! 나 그만 첫눈에 반해버렸네!

바람에 사락사락 흔들리던 패치 조각들은

사실 모두 비싸기로 유명한 리얼 빈티지 코튼이렷다!

하지만 내게 고가의 원단이 있을 리 만무하다.

그래도 작업실 구석구석 구겨놓았던 원단들을 죄다 끌어 모아서

어떻게든 그 포근한 느낌을 살려보고 싶었거든.

왜, 너무 보편적이고 모범생 같은 패치커튼은 어딘지 모르게 답답해 보이니까,

'비' 할머니의 커튼을 닮은 모습으로, 내 식대로 할랑하게 만들어볼 테다!

영화에 홀딱 빠져 완성된 커튼에 '비 할머니 커튼'이라는 이름을 내 마음대로 지어버렸다.

패치커튼의 매력은 아무렇게나 걸어두어도 자연스럽게 그 자리에 어울린다는 데에 있다.

한 쪽씩 포인트 커튼으로 아무데나 휙 걸쳐 달아도 멋스럽고

무심히 벽에 드리워도 편안한 느낌을 준다.

오묘하게 조화를 이룬 컬러들!

빛이 스며드는 아침에는 특히 환상적이라

그 옆에 앉아 가만히…… 커튼만 바라보기도 한다.

아, 나는 행복한 사람.

나, 핸드메이더로 살길 잘했다, 그치?

*빛이, 바람이, 천의 알록달록한 색들이 거실을 포근한 공간으로 만들어 준다.

HOW TO MAKE 272P

'비 할머니 커튼'이 제일 매력적일 때가 언제인 줄 알아?
바로 영화 '호노카아 보이' 속에서 불던 바람이 나의 거실로 들어와
커튼이 제멋대로 펄럭이며 나풀대는 소리를 낼 때야.
커튼이 나부끼는 모습을 나른한 눈으로 바라보고 있노라면
마치 수채 물감들이 물결치는 것만 같아서 괜스레 왈칵 눈물이 나는 순간이 있다.
커튼을 이루고 있는 하나 하나의 컬러들이 제각각 팔레트 위에서
색을 지닌 음표처럼 춤을 추고 있다.
바람소리에 맞춰 커튼이 추는 춤, 경쾌한 스텝 소리…….

햇빛이 눈부신 날, 가만히 눈을 감고
사랑스런 패치커튼이 춤추는 소리를 같이 들어본다면 참 좋을 텐데!

때로는 나도
마초 같은 남자이고 싶다!

못난이 마초 파우치

삐뚤빼뚤,
삐뚤어질 테다!

살짝 처져서 나른해 보이는 눈꺼풀.

진지하게 번뜩이는 눈빛과 살짝 인상을 써 주름이 생긴 미간.

도톰한 입술 주변으로 거칠게 솟아 있는 수염.

살짝 각이 진 듯, 하지만 매끄러운 얼굴 선.

그는 아마 담배 한 개피를 손가락 사이에 끼우고 눈이 부시다는 듯 먼 곳을 응시할 것이다.

그가 담배를 태우는 모습은 외로워도 보이고 또 어딘가 절도 있어 보이기도 하다.

이건 '마초'란 단어를 떠올릴 때 그려지는 내 생각 속의 이미지들이야.

영화 '영웅본색' 속 주윤발처럼 바바리 코트를 입거나

'토요일 밤의 열기'라는 영화에서 존 트라볼타가 그랬던 것처럼

가죽잠바 정도는 입어줘야 완성되는 게 마초 아니겠어?

(사실 내 머릿속에 떠올린 이미지들은 모두 내가 좋아하는 배우 하정우의 모습이지만. 하하.)

좀 엉뚱하지만 그런 마초 같은 파우치를 꼭 만들고 싶었어.

너무 단정하고 각이 살아 있는 모범생 같은 파우치 말고

어딘지 모르게 까끌까끌하고 무덤덤해 보이는 마초 같은 파우치,

거칠게 다뤄도 칭얼대지 않을 것 같은 파우치 말이다.

아마 이 녀석은 여행용 수트 케이스 안에 대강 휘리릭 던져놓아도

왠지 터프하고 남자다운 멋이 날 것만 같다!

이 파우치의 장점이라면 따로 접착 솜이나 접착 심을 대지 않았으니

무게가 가볍고 모양 변화도 비교적 자유롭다는 것!

내용물이 없는 채로 보관할 때에는 납작하게 펴서,

혹은 대강 둘둘 말아서 보관해도 상관없다.

또 만드는 방법이 간단하니까 마음만 먹으면 하루에 열 개도 만들 수 있다. 야호!

참! 소중한 사람에게 선물할 계획이라면 안감을 오버로크 처리하는 대신

리넨 바이어스로 감싸주세요.

세심하게 잘 보이지 않는 곳까지 더 공들인 티가 나겠죠?

*모아놓고 보니까 정말 못난이들이다.
심술맞은 눈, 코, 입을 그려주고 싶은 얼굴들.

특별할 것도 없어 보이는 평범한 원단 조각들을 모아 개성 있는 파우치 하나를 뚝딱 만든다네.

손재주가 없는 사람도 쉽게 만들 수 있으니 자신감을 북돋아주는 아이템이라고도 할 수 있겠지.

같은 방식으로 네 귀퉁이 시접만 다르게 하여 만든 비뚤빼뚤 못난이 마초 파우치.

가방 속에 대충 찌그러져 있다가도 속에 소지품을 넣고 모양을 잡아주면

언제 그랬냐는 듯 어깨를 쭉 펴는, 기 센 녀석들.

거친 녀석들이 모였으니 뭔가 사고라도 칠 기세다! 하하.

이 친구들처럼, 나 어깨 펴야지.

잠깐 동안 쪼그라져 있더라도 금세 빵빵하게 부풀어 올라야지.

때로는 내 속에 있는 감정을 속이지 않으면서 큰소리 떵떵 치며,

"그게 어때서?" 쏘아 붙이며, 눈에 힘주고, 배에 힘주고,

그래, 마초처럼! 하하!

EXTRA FINE
1st hoowow
RED
blue
green
LINEN   COTTON
gold

자주 도망가는 소품들은 모두 꼼짝 마라!

액세서리 포켓 벽걸이

그린러버의
액세서리 샵에 오신 걸
환영합니다.

우리 집 작업실 문짝에는 색색의 액세서리 송이들이 주렁주렁 열려 있다.

사실 몸에 차고 두르는 장신구들을 그다지 좋아하는 편은 아니다.

나는 귀걸이와 목걸이를 세트로 착용하는 것은 물론,

거기에 헤어밴드며 브로치 등등, 너무 요란하게 멋을 내는 사람들을 보면 안타깝다.

포인트가 너무 많다 보면 되려 스타일을 망치게 되니까.

그런 치렁치렁한 패션은 거추장스러워 보여 정말이지 별로다, 윽.

세트별 액세서리를 그다지 좋아하지 않아 갖고 있는 수는 많지 않지만

그 중 유독 욕심을 내는 아이템이 있기는 하다.

그건 단연 귀걸이!

 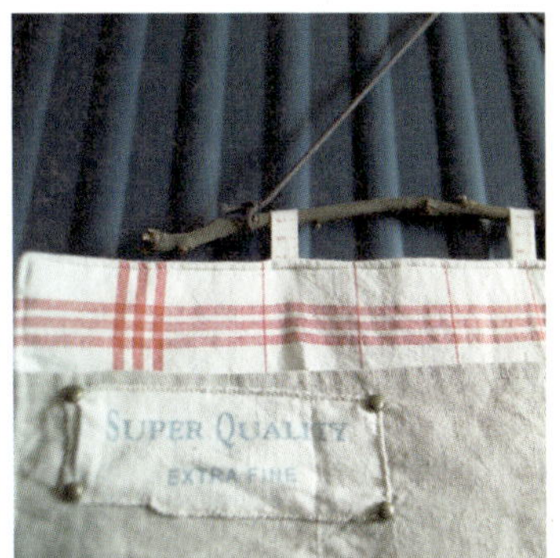

난 큼지막한 사이즈에
과감하고도 페미닌한 디자인의 귀걸이를 특히 선호한다.
센스 있게 고른 귀걸이 하나만으로도
그날의 패션이 확 돋보이기도 하니까.
아아, 귀 아래에 살짝 늘어져 찰랑이는 귀걸이는
나를 더 특별하고 로맨틱하게 만들어주는 것만 같다. 호호.

그런데 문제는 요 사랑스러운 녀석들이 작은 방 안에서도

짝을 잃어버리고 헤맬 때가 많다는 사실!

그래서 주인님이 나섰다.

꼼짝 마라, 귀걸이들. 너희들은 이미 포위되었다고!

아랫단에 퐁퐁 뚫어준 센스 만점의 아일렛 구멍이 제일 마음에 드는 걸?

나만의 작은 '벽걸이 액세서리 샵'이 완성되었다! 외출 준비를 하면서 그날의 기분에 따라,

또 의상에 따라 하나씩 고르고 몸에 가져다 대본다.

콧노래를 부르면서, 디너 파티에 초대된 귀부인처럼, 느긋하고도 우아하게. 흐흐.

아이템들이 한눈에 보여 귀걸이 한 짝을 찾기 위해 서랍을 다 뒤집을 필요도 없고 얼마나 좋으냐 말이다.

살림 9단, 수납의 여왕이라 해도 귀걸이와 같은 액세서리들은 보관하기가 여간 쉽지 않을 거다.

바쁘게 외출 준비를 하는데 생각해뒀던 귀걸이가 한 짝밖에 남지 않아서

난감한 경우를 나도 종종 겪는다.

요거 요거, 몇 개쯤 더 만들어 사랑하는 친구들에게 선물해줄 생각이다.

다들 아이처럼 좋아하겠지?

뭐, 여자의 마음은 여자가 알지 않겠냐고.

＊작업실 문에 미니 액세서리 숍을 오픈했다!

HOW TO MAKE **278P**

HOW TO MAKE

빈티지 여행가방

멜빵바지라 해놓고 웬 멜빵치마냐고?

원래 멜빵바지였던 녀석을 한차례 원피스로 리폼하고

초보아줌마 시절 줄기차게 입었다.

하지만! 이제 나이도 먹어가는데 루즈핏 스타일 조금씩 부담스럽다.

20년 동안 나의 꿈과 땀, 눈물과 사랑을 함께 나눠마셨던

요 진득한 친구에게 새로운 의미를 부여해주자!

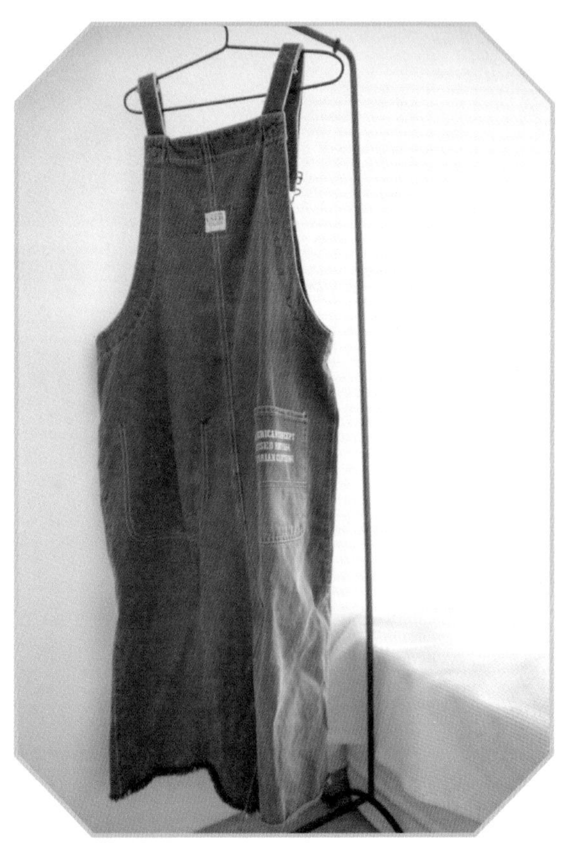

20년 묵은 멜빵바지와 함께 안 입던 청바지.
카고바지도 조연으로 함께 출연.

멜빵바지 앞 단추부분은 그 디자인을
그대로 살려 포켓을 만들기로 했어요.
바지를 원하는 크기로 재단해주세요.

남은 멜빵바지 원단은 알맞은 크기의 정사각형
모양으로 재단해줍니다.

멜빵바지에 달려 있던 포켓
과 어깨 끈은 그대로 떼어
서 따로 준비해둡니다.

빈티지 여행가방에 함께 매치
할 천들을 같은 크기로 재단
해주세요.
특히 군데군데 빈티지함을 살
려주기 위해 영자신문 원단과
커트지 원단을 빼놓지 말 것.

이제 본격적으로 준비된 원단들을 이용해 느낌대로 패치해
나가겠습니다.
멜빵바지 고유의 솔기선과 포켓선을 그대로 살려 패치하면
더욱 빈티지한 느낌을 강조해줄 수 있죠.
밑바닥은 안감으로 쓸 리넨 체크 원단을 사용했어요.

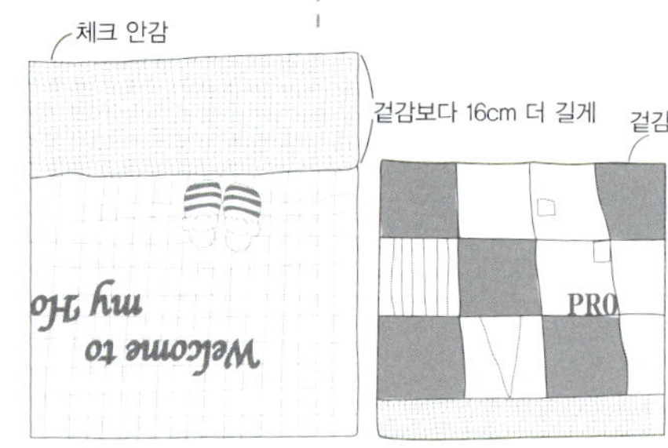

내 취향대로 패치한 겉감과 그보다 세로 16cm를 길게 재단
한 리넨 체크 안감, 그리고 겉감과 같은 크기의 누빔 퀼트지
를 준비합니다. 퀼트지는 압축솜을 대신하여 사용하므로 두
께감이 풍성한 것으로 준비해주세요.
준비된 원단들을 겉감의 겉끼리 마주 대어 양 옆 1cm 시접
라인을 박아주고, 안감도 누빔지를 대어 안감 겉끼리 마주
대게 한 다음 똑같이 해주세요.

겉감. 안감의 바닥 면을 세모 모양으
로 접어 16cm 선을 그어 박아준 뒤
시접 1cm를 남기고 모두 잘라줍니다.

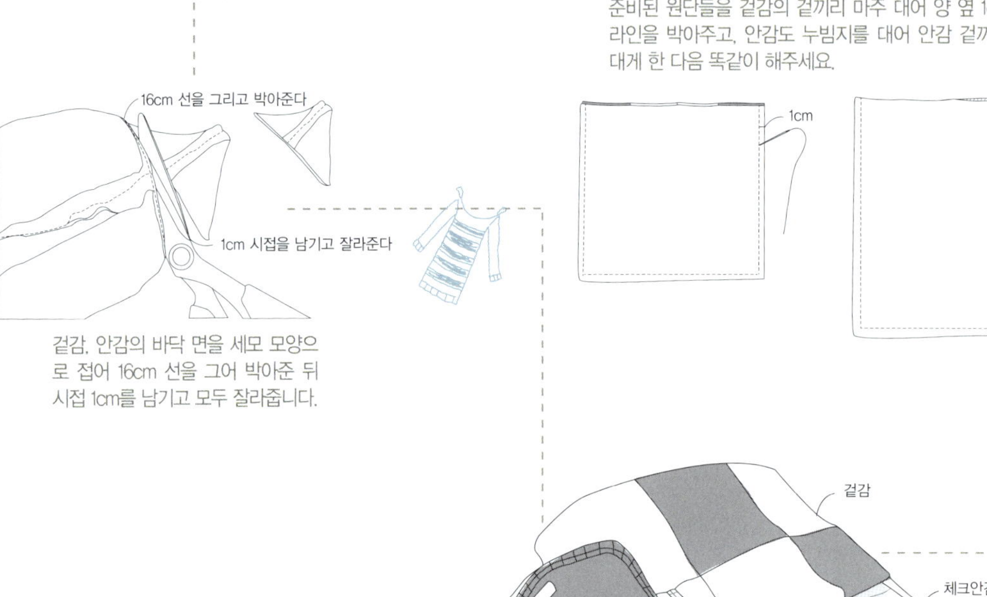

밑바닥에서 16cm씩 잡아준 안감을
겉감 속으로 쏙 넣어줄게요.

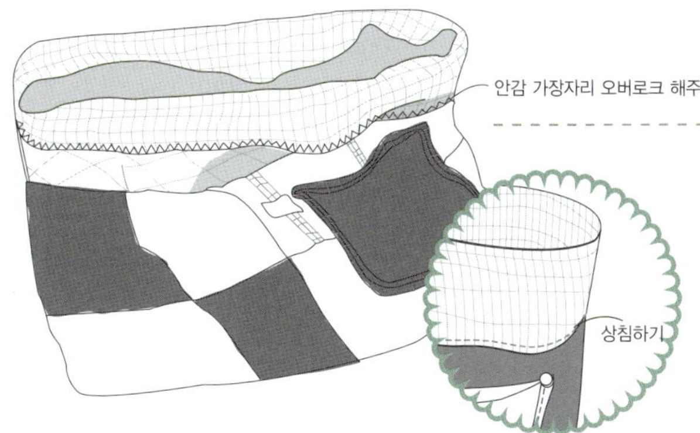

이때 안감 가장자리는 오버로크로 튼튼하게
마무리 해주고 겉감보다 길게 재단한 안감은
남는 크기만큼 겉감 밖으로 접어 선대로 꼼꼼
하게 상침해주세요.

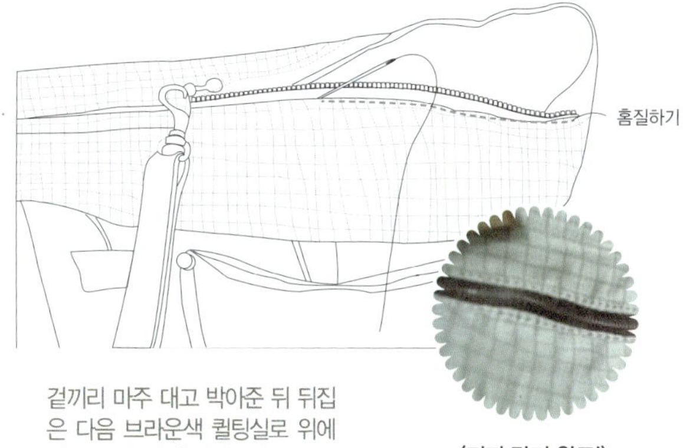

겉끼리 마주 대고 박아준 뒤 뒤집
은 다음 브라운색 퀼팅실로 위에
서 꼭 꼭 눌러 홈질해주세요.

〈지퍼 달기 완료!〉

양쪽 지퍼 꼭지 부분은 가죽
끈을 반 접어 달아 마무리해
줍니다.

지퍼를 잡기 편하도록 청동고리
나 가죽 끈을 이용하는 것도 좋은
방법!

가방 뒤쪽에는 멜빵바지 앞쪽 단추부분을 이용한 독특한 모양의 포켓을 달아주고 포인트로 대충 잘라낸 귀여운 미니 포켓도 함께 달아주었어요.

가방 앞쪽에 멜빵바지에서 떼어낸 포켓 두 개를 높이를 다르게 하여 달아주세요. 언밸런스한 느낌이 더 자연스럽죠?

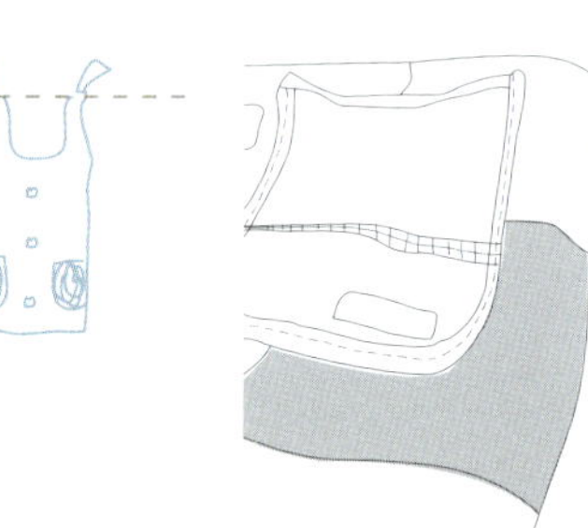

가방 끈 역시 멜빵바지 어깨끈을 그대로 이용합니다.

멜빵 끈을 잘라낸 모양 그대로 자연스레 달아줍니다. 오래되었지만 세월에 의해 보들보들해진 코튼의 촉감은 만질수록 편안해요.

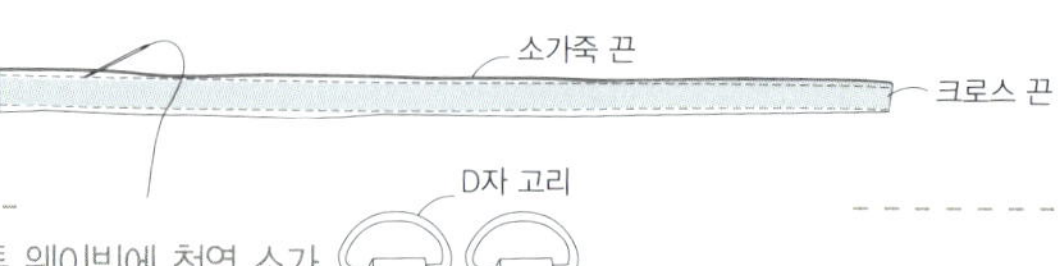

크로스 끈은 코튼 웨이빙에 천연 소가죽 끈을 한 번 더 덧대 튼튼하게 박아줍니다. 그리고 크로스 끈이 고정될 D자 고리에 가죽 고리를 달아주고요.

가죽 크로스 끈이 달린 D자 가죽고리를 가방 바디 옆쪽에
짱짱하게 달아주세요.

마지막으로 포인트를 살려 느낌껏 퀼팅을
합니다. 정성스러운 퀼팅으로 겉감과 안
감, 그리고 바닥 면이 제멋대로 밀리지 않
고 서로 더욱 밀착되어 단단히 자리를 잡
았어요.

청 주름 크로스 백

지루하고 낡은 청바지가 있다면 과감하게 잘라내봐.

주름만 대강 잡아서 금새 만들고 보면

가방 만들기가 아주 만만해 보일 걸?

난 복잡하고 어려운 건 딱 질색이더라! 하하.

입다가 지겨워진 청바지의 다리 부분으로 가방을 만들 거예요.

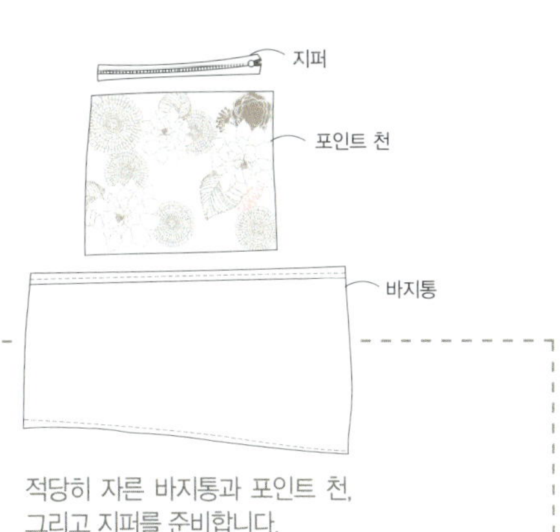

적당히 자른 바지통과 포인트 천,
그리고 지퍼를 준비합니다.

포인트가 될 천에 지퍼를 달아주세요.

포인트 천과 붙을 바지통
부분을 홈질로 주름을 잡아
줘요.

〈뒤집은 모습〉

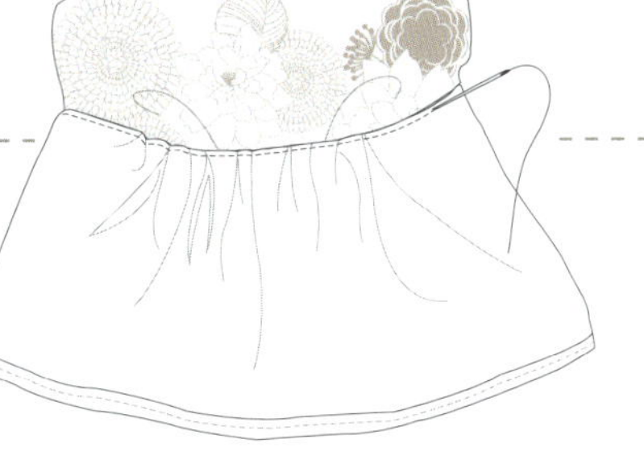

홈질로 포인트 천의 길이와 맞게 주름잡아진
바지통을 겉과 겉을 마주 대고 박아주세요.

겉에서 상침을 해줍니다.
포인트가 될 단추와 텍도 달아주고요.

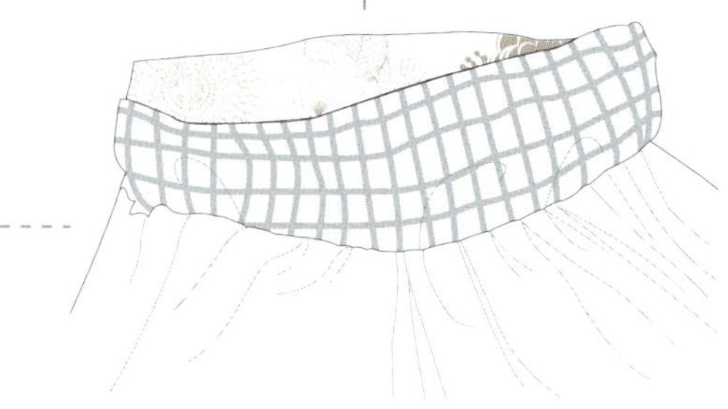

〈가방 안쪽 모습〉

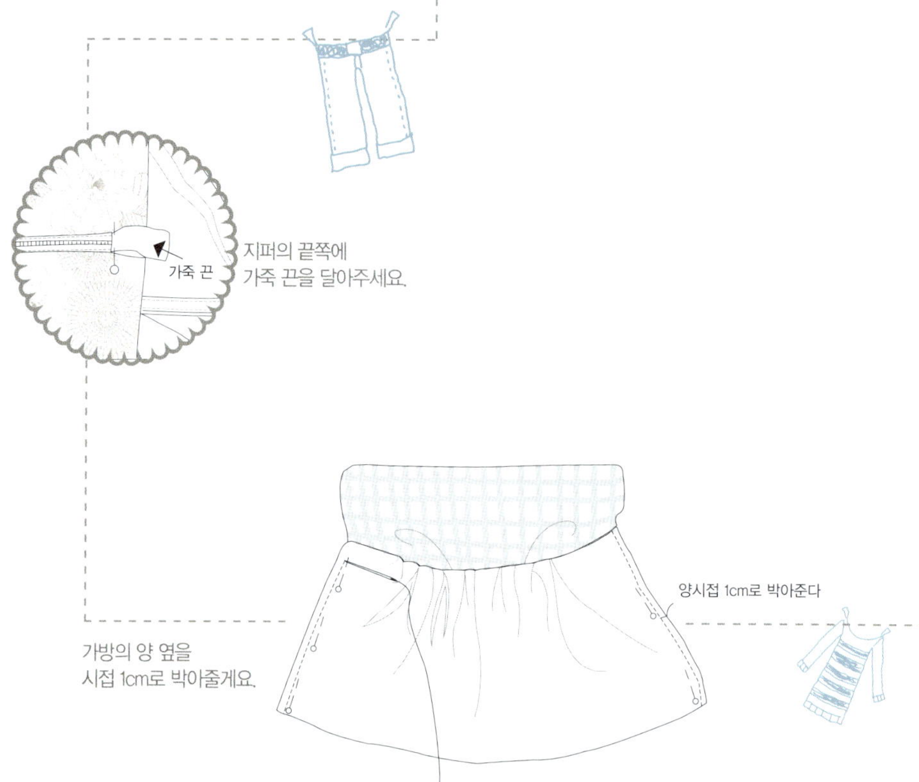

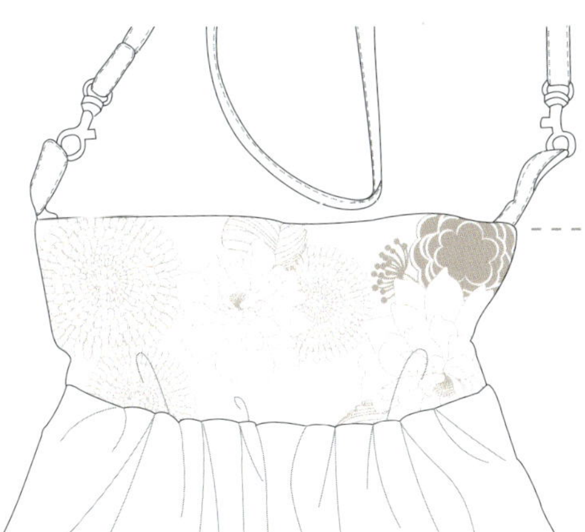

가방을 뒤집어 크로스 끈을 가죽 줄에 매달아
주세요.
크로스 끈은 만들어 달아도 좋고 시중에 파는
가죽 끈을 이용해도 좋답니다.

포인트 천 위의 문양대로 퀼팅을 해줍니다.
손으로 퀼팅하기, 가방이 조금 더 특별해지는
방법이겠죠!

마지막으로 비즈나 금속과 같
은 액세서리를 지퍼에 달아 멋
을 더해줘요.

완성된 청 주름 크로스 백을 구경
해볼까요?

빈티지 포켓 크로스 백

요 빈티지 포켓 크로스 백은 보통 가벼운 산책을 할 때나

장을 보러 나갈 때에 듬직하게 옆구리에 매고 나가면 좋아.

특별한 외출이 아니면 나는 두 손이 가벼운 크로스 백을 주로 선호하는 편이지.

개성 없이 뻔하고 브랜드만 따지는 어른들의 가방 스타일은 재미없잖아?

좀 더 재미있고 편리한 가방을 만들어보자구.

낡은 청바지를 준비해주세요.

원하는 사이즈로 엉덩이 부분을 재단합니다.

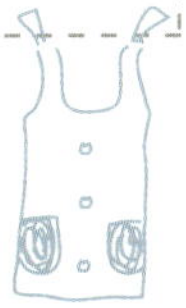

앞. 뒤 지퍼 아래쪽의 선을 깔끔하게 뜯어냈다가
정리해서 다시 박아주세요.

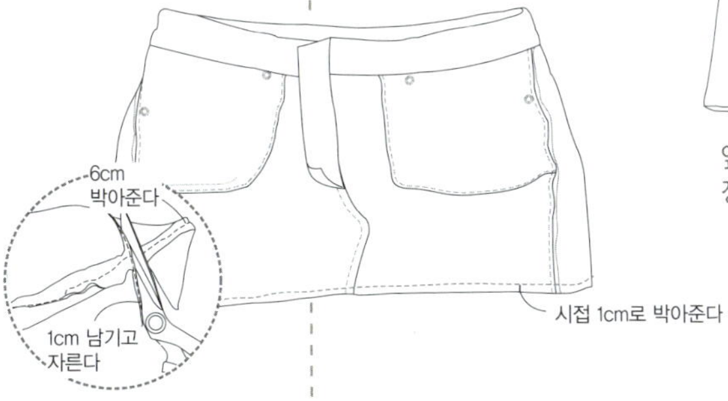

아랫단을 시접 1cm로 쭈욱
박아줍니다. 양 옆의 밑바닥
을 다시 세모 모양으로 접
어 6cm씩 박아준 뒤에 시접
을 1cm 남기고 잘라주세요.

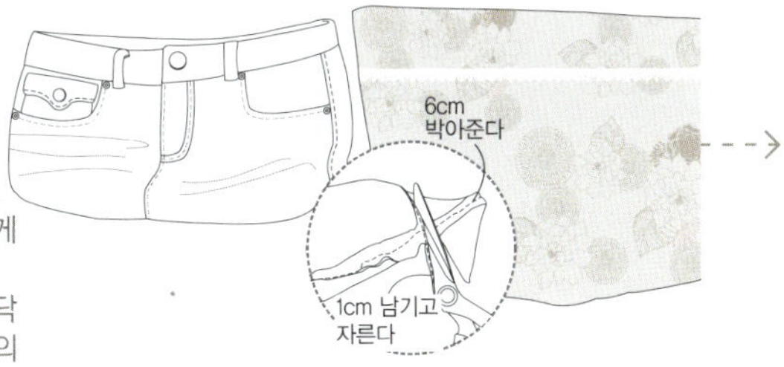

6cm
박아준다

1cm 남기고
자른다

시접 1cm로 박아준다

다소 촌스러운 느낌의 꽃무늬 안감을 준비했어요.
안감은 가로, 세로의 길이를 겉감보다 조금씩 크게
재단해줍니다.
안감의 밑바닥은 겉감과 마찬가지로 양쪽 바닥
6cm씩을 세모 모양으로 접어 박아준 뒤에 1cm의
시접을 남기고 잘라서 준비해줍니다.

6cm
박아준다

1cm 남기고
자른다

안감을 겉감 속으로 밀어 넣은 뒤 남는 안감을 겉감 밖으로 빼
요. 겉에서 남는 크기만큼 주름을 잡고 빙 둘러 상침해주세요.
그리고 느낌대로 손 스티치를 넣어줍니다. 장식 뜨게 코사
지도 달아줬어요.

주름이 잡히지 않은 양 옆은 손바느질로
대강 주름을 잡아주세요.

지퍼를 준비! 양쪽은 올이 풀리지 않게 불
로 살짝 지져주고 가죽 끈을 달아주세요.

지퍼를 가방 몸통에 달아준
모습입니다.

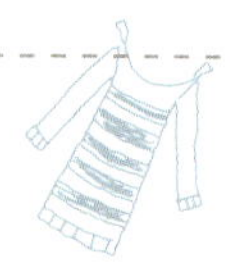

지퍼 끝에 달린 가죽 끈에다가 가죽 크로스
줄을 걸어주세요.

가방의 앞쪽에는 낡은 블랙진의 포켓 하나를
빈티지한 포인트로 달아주었죠.

아일렛 구멍을 뚫어서 가죽 줄로 몸
통과 포켓을 단단히 연결합니다.
포켓 안에 자석단추를 달아서 내용물
이 빠지지 않도록 하는 센스!

완성된 청 주름 크로스 백을
구경해볼까요?

괴나리봇짐 배낭

작아진 아이 옷으로 괴나리봇짐 배낭을 만들어볼까?

유명하고도 비싼 브랜드의 옷이나 가방을 사주고 싶기도 해.

내 아이에게 좋은 것만 주고 싶은 부모 마음은 당연하니까.

하지만 아이의 가방을 만들며 나는 생각한다.

낡고 익숙한 것들의 아름다움을 아는 너였으면…….

감사함을 배우며 따뜻한 아이로 커주었으면…….

면바지는 밑동을 잘라 준비합니다.

작아져 모셔뒀던 아이의 청바지와 면바지, 그리고 엄마가 입던
카고 치마를 준비!

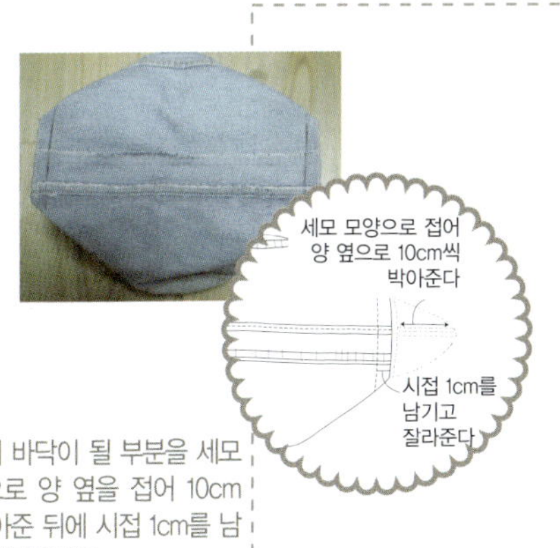

이어주기

청바지 단을 알맞게 잘라서 면바지 몸통과 이어줍
니다.

가방의 바닥이 될 부분을 세모
모양으로 양 옆을 접어 10cm
씩 박아준 뒤에 시접 1cm를 남
기고 잘라주세요.

카고 치마에서 떼어낸 커다란 주머니를
배낭 앞쪽에 달아줍니다.

이번엔 아이 청바지에 붙어 있던 포켓을 떼어내주세요.

배낭 양 옆쪽에 청바지에서 오려낸 포켓을 나란히 달아줍니다. 안감으로 는 체크 리넨을 준비했어요.

안감은 배낭 몸통을 대고 알맞게 자르는데, 세로부분은 20cm 정도 길게 재단한 뒤 안감 을 겉감 안으로 넣어주세요.

입구 부분을 알맞게 접어서 입구 둘레에 맞도록 살짝 주름을 잡아줍니다.

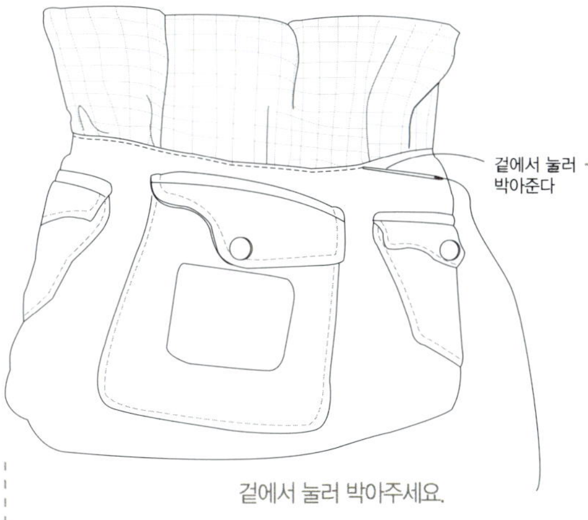

겉에서 눌러 박아주세요.

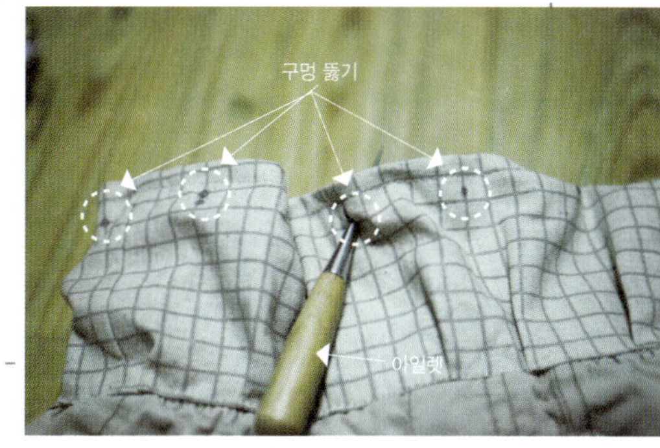

아일렛으로 중간 중간에 구멍을 뚫어줍니다.

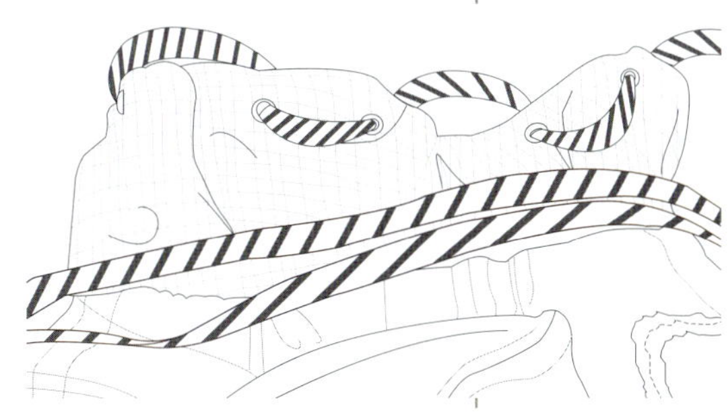

경쾌한 느낌의 끈으로 앞쪽 구멍에서부터
지그재그로 넣어주세요.

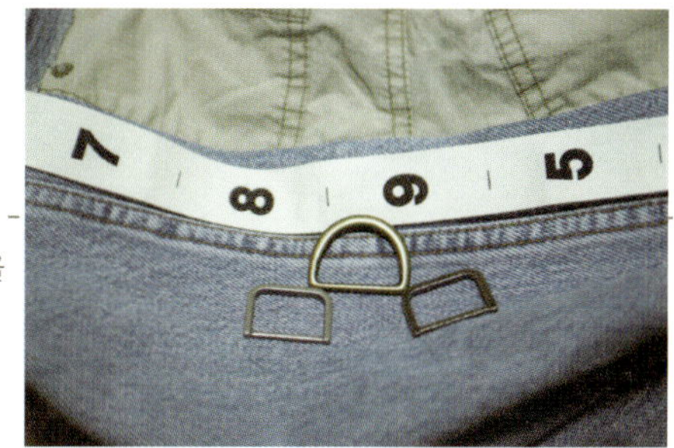

D자 고리와 리넨 테입을
준비합니다.

어깨 끈을 고정시켜줄
D링 고리를 만들어요.

알맞은 위치에
D링 고리를 달아줍니다.

안 쓰는 면 허리벨트를 이용해 배낭의
어깨 끈을 만들거에요.

벨트는 반으로 잘라 오버로크 처리를
한 뒤 준비해주세요.

아이 상체에 맞는 길이로 끈을 달아준 뒤
앞쪽 부분에 가죽텍으로 포인트를 줍니다.

여밈 끈이 나오는 앞쪽에
정사각형의 빳빳한 청지를 덧댔어요.

엔틱 사시꼬미(꽂이 쇠)를 이용, 튼튼하게 달
아주어 가방이 앞쪽으로 쏠리는 것을 방지했
습니다.

가방의 뒷모습입니다.
아이의 체온이 그대로 묻어나는 것만 같아
보기만 해도 행복하네요.

심플한 방수 티슈커버

영화 속 슬픈 장면을 보다가 눈물 지을 때,

감기 기운에 코를 킁킁 거리며 콧물을 세게 풀어야 할 때,

아들 녀석이 코딱지를 파 자랑할 때,

나는 이 친구를 찾지요.

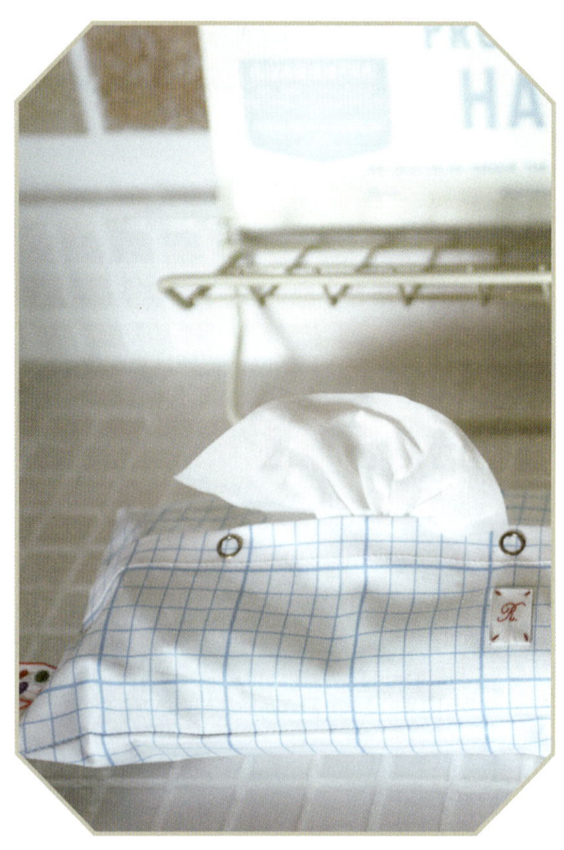

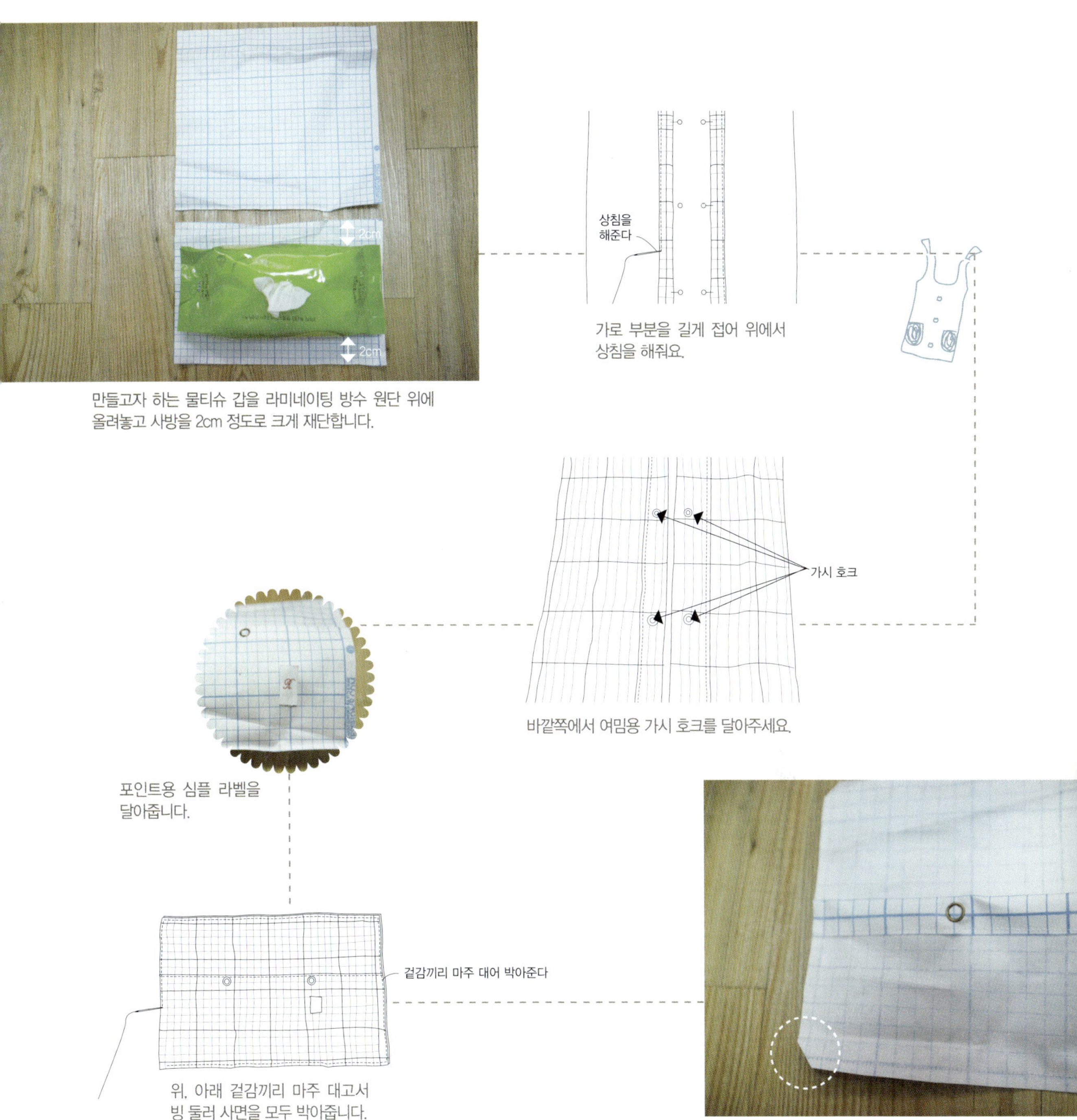

만들고자 하는 물티슈 갑을 라미네이팅 방수 원단 위에
올려놓고 사방을 2cm 정도로 크게 재단합니다.

가로 부분을 길게 접어 위에서
상침을 해줘요.

바깥쪽에서 여밈용 가시 호크를 달아주세요.

포인트용 심플 라벨을
달아줍니다.

위, 아래 겉감끼리 마주 대고서
빙 둘러 사면을 모두 박아줍니다.

모서리를 잘라준 뒤 뒤집어서 마무리해요.

산토리니 오렌지 티슈커버

상큼한 오렌지 색깔의 아이템 하나 정도는 가지고 있어야 해.

휴지를 톡, 톡, 뽑아 쓸 때마다

비타민 C가 같이 나올 것만 같아. 히히.

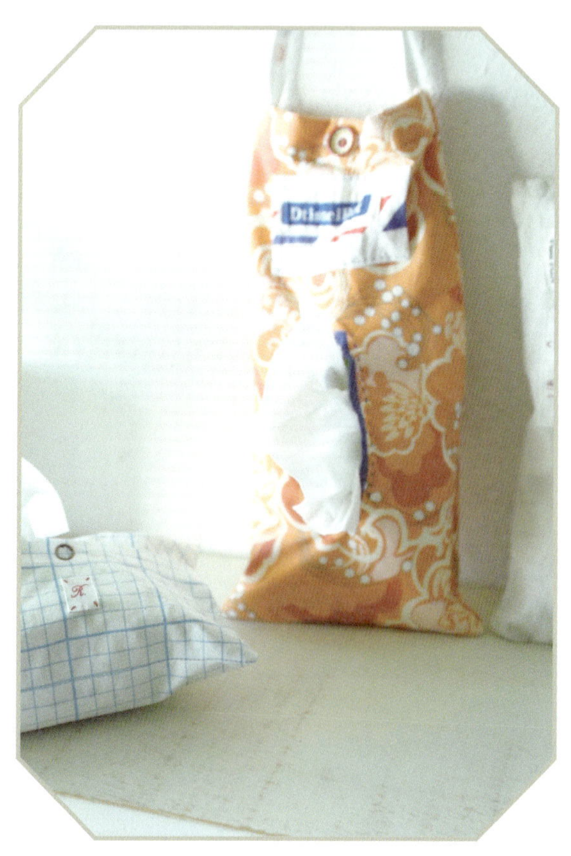

 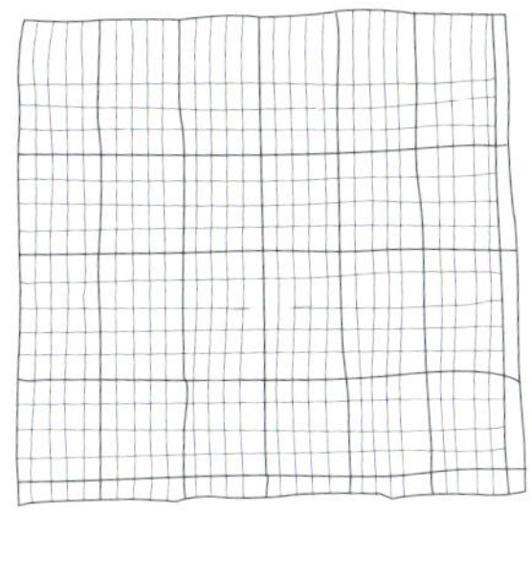

산토리니의 강렬함을 닮은 오렌지 빛 원단과 방수 라미네이팅 원단을 두 겹으로 겹쳐 티슈커버를 만들어보겠습니다.

안감끼리 마주 대어 두 겹으로 박아주고 포인트 라벨과 끈을 준비합니다.

두 번 접어 박아준다

맨 위 입구 부분은 두 번 접어서 박아주세요.

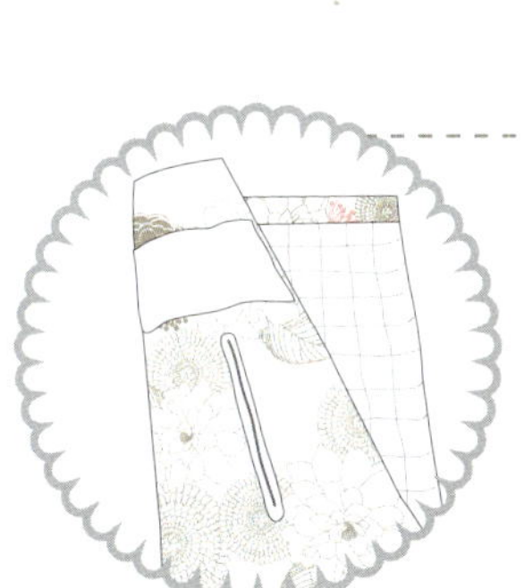

입구 가운데의 적당한 자리에 단추를 달아주고 미리 단추 구멍을 뚫어줍니다.
티슈가 나올 가운데 부분을 선명한 파란색 실로 박아 길게 공간을 내어주고 포인트 라벨을 원하는 위치에 달아주세요.
그리고 겉면끼리 마주 대어 입구를 제외한 삼면을 박아준 뒤 오버로크로 마무리하면 끝!

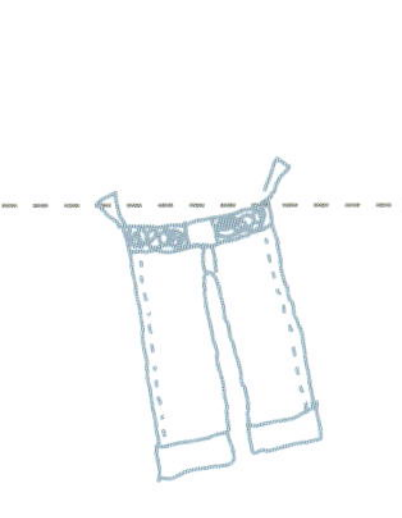

내추럴 리넨 티슈커버

마음까지 편안해지는 리넨의 질감.

만들기도 쉽고 가방 속에서 쉽게 찌그러지는 휴대용 티슈들을

예쁘게 감싸주니까 기분전환에도 좋은 아이템이다.

그래서 나는 몇 개 만들어두었다가

집에 놀러오는 친구들에게 하나씩 선물하곤 한다.

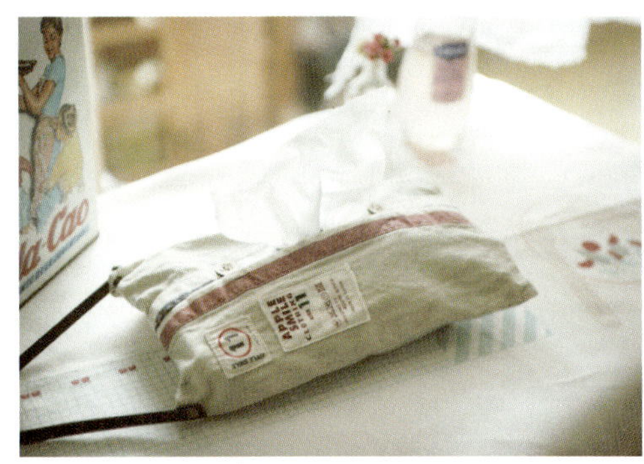

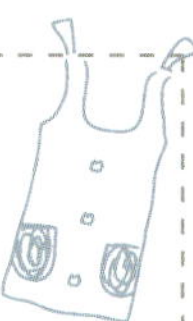

만드는 방법은 심플 방수 커버와 같습니다.
가시호크 대신 면고리와 나무단추를 달아주세요.
그리고 커버 윗쪽에 가죽끈을 달아주면 주방벽에 걸어두고 쓰기 편해요.

출산 준비를 하는 친구에게 선물한 아기 이불 세트.

정성스레 일일이 손바느질하는 일이 여간 까다로운 게 아니었지만

곧 태어날 작고 사랑스러운 조카에게 좋은 이모가 된다는 생각에 참 뿌듯했다.

게다가 옆에서 동생에게 그림을 그려주겠다는 아이와 함께

이불을 만드는 과정은 얼마나 재미있던지…….

우리 사랑이 너무 듬뿍 담겨 아이가 덮는 이불이 무겁게 느껴지면 어쩌지?

여름용 유기농 이불

원하는 크기의 유기농 원단을 겉과 겉을 마주 대고 창
구멍을 남긴 채 가장자리를 둥글게 박아주세요. 그리고
뒤집어 공구르기로 창구멍을 막은 뒤 바깥에서 1cm 떨
어진 채 빙 둘러 손스티치를 넣어주면 완성!

사계절용 무형광 타올 이불

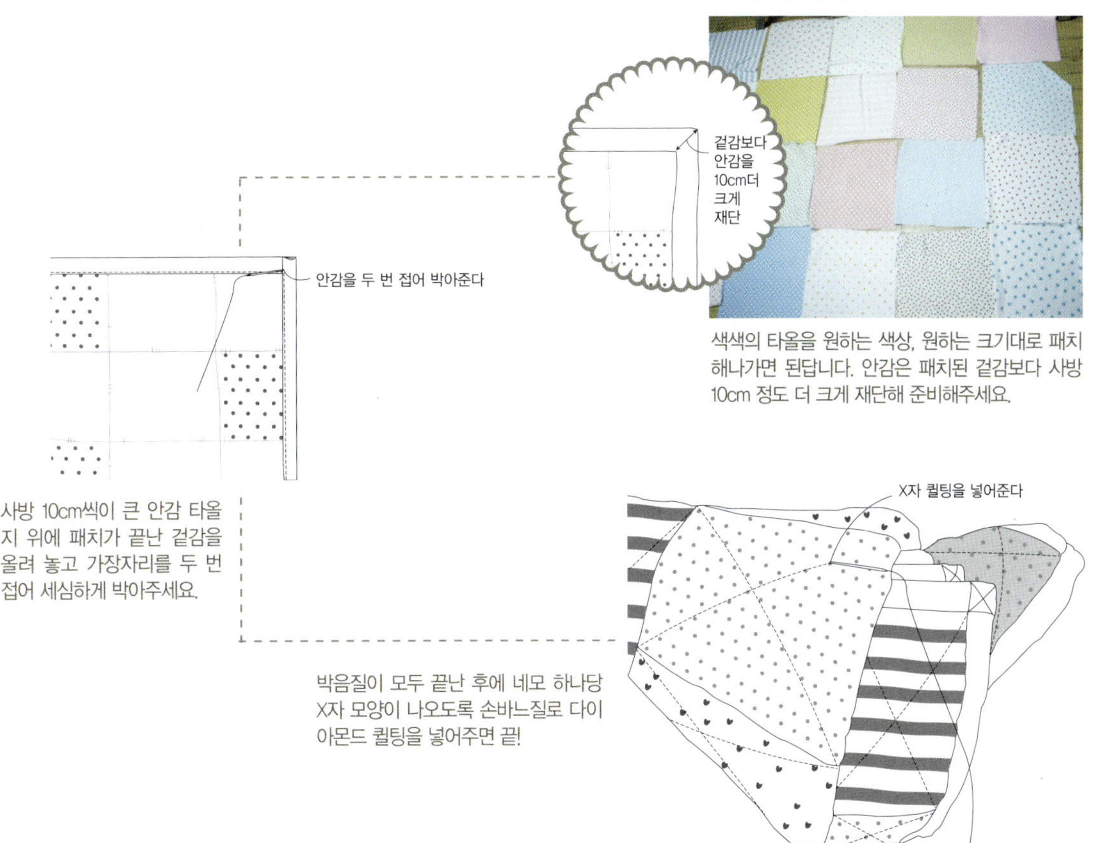

색색의 타올을 원하는 색상, 원하는 크기대로 패치
해나가면 된답니다. 안감은 패치된 겉감보다 사방
10cm 정도 더 크게 재단해 준비해주세요.

사방 10cm씩이 큰 안감 타올
지 위에 패치가 끝난 겉감을
올려 놓고 가장자리를 두 번
접어 세심하게 박아주세요.

박음질이 모두 끝난 후에 네모 하나당
X자 모양이 나오도록 손바느질로 다이
아몬드 퀼팅을 넣어주면 끝!

여름용 이불 파우치

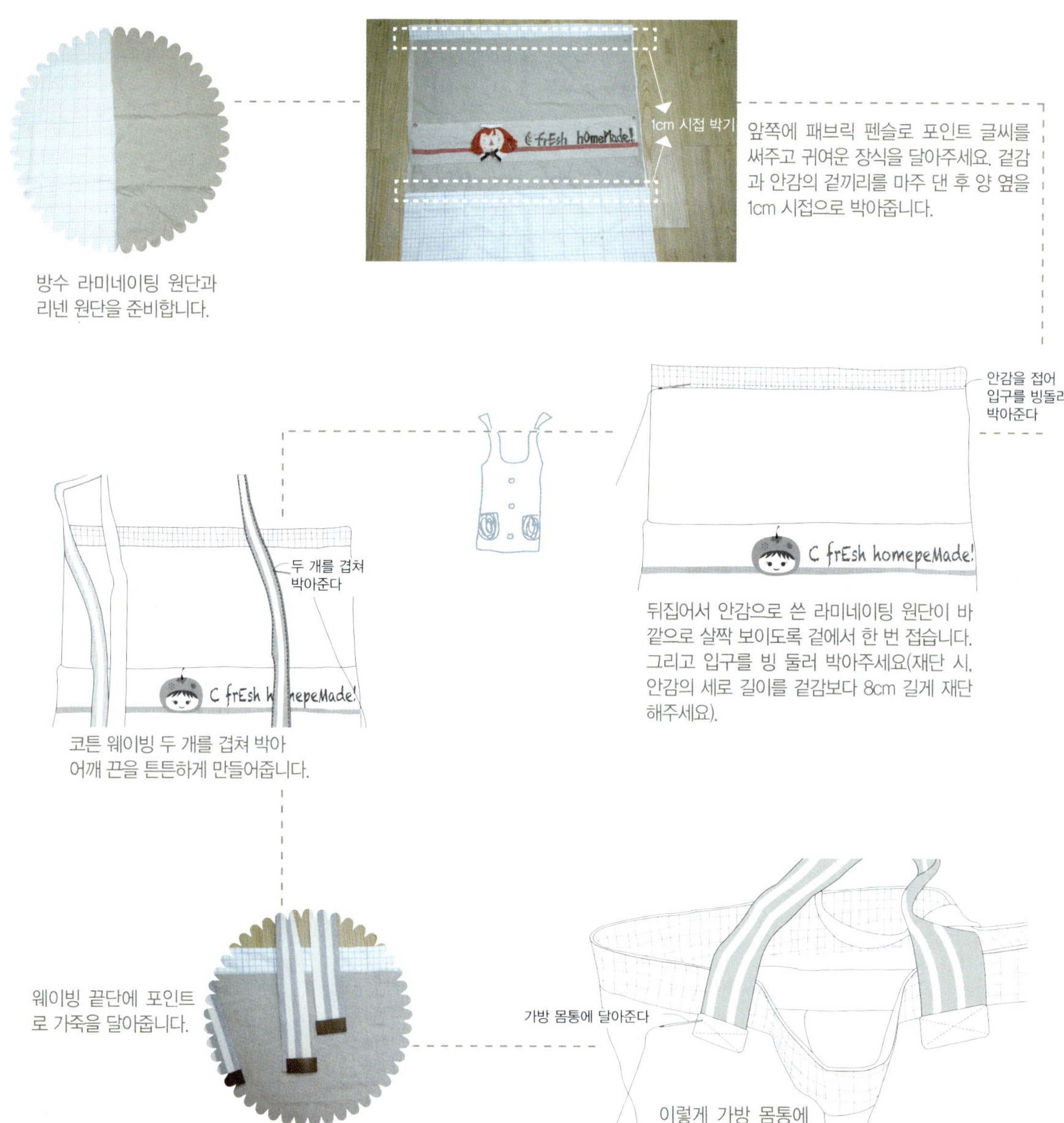

방수 라미네이팅 원단과
리넨 원단을 준비합니다.

1cm 시접 박기

앞쪽에 패브릭 펜슬로 포인트 글씨를
써주고 귀여운 장식을 달아주세요. 겉감
과 안감의 겉끼리를 마주 댄 후 양 옆을
1cm 시접으로 박아줍니다.

두 개를 겹쳐
박아준다

코튼 웨이빙 두 개를 겹쳐 박아
어깨 끈을 튼튼하게 만들어줍니다.

안감을 접어
입구를 빙돌려
박아준다

뒤집어서 안감으로 쓴 라미네이팅 원단이 바
깥으로 살짝 보이도록 겉에서 한 번 접습니다.
그리고 입구를 빙 둘러 박아주세요(재단 시,
안감의 세로 길이를 겉감보다 8cm 길게 재단
해주세요).

웨이빙 끝단에 포인트
로 가죽을 달아줍니다.

가방 몸통에 달아준다

이렇게 가방 몸통에
어깨 끈을 달아주면
바로 완성!

사계절 이불용 가방

특별한 날을 기념하기 위해서 아이가 직접 그린 그림을
포인트로 사용볼게요.

방수 라미네이팅 원단에 포인트 그림을 붙인 후
가장자리를 오버로크 처리해 주세요(이 파우치
만드는 방법은 264p에서 참고).

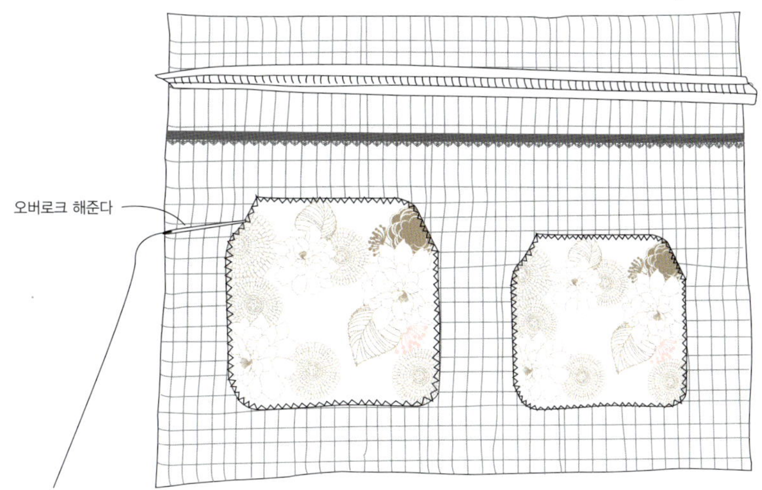

259

빵가루(Bread Flour) 사각 가방

제법 넉넉한 사이즈로 만들어져서인지,

이 가방을 보면 꼭 어딘가로 훌쩍 떠나고 싶다.

만들던 때에 지루한 여름을 이겨내느라 마셔댄 사이다 탓에

사이다 생각을 나게 하는 '빵가루 가방'.

아, 빵가루라는 이름은

레터링 된 영문이 빵가루라는 의미라서 그렇다.

서로 어울릴 만한 몇 가지 원단을 준비합니다.
원하는 크기만큼 준비하세요.

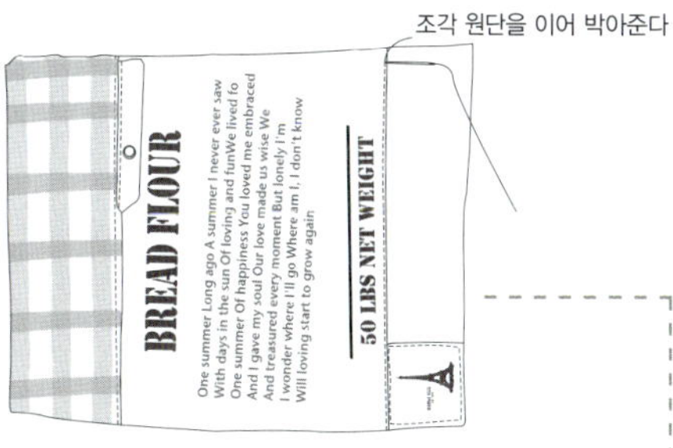

조각조각 난 원단을 내 마음대로
이어 붙이면 된답니다.

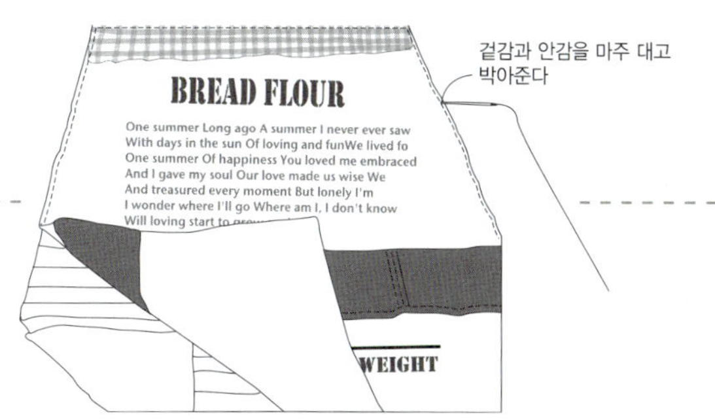

저는 늘 가방 사이즈에 연연하지 않는답니
다. 내가 원하는 크기로 대충 이어 붙인 뒤
안감 안쪽에 두툼한 접착 솜을 붙이세요.
겉감과 안감의 겉을 마주 대고서 창구멍을
남긴 뒤 쭉 둘러 박아주면 O.K. 그리고 뒤
집어서 창구멍을 공구르기로 막아주세요.

가방을 만들기에 앞서 앞쪽 글
자 부분에 손 퀼팅을 넣어주
었어요. 한 가지 색 외에도 때
때로 포인트 색을 사용하세요.
손이 많이 가면 갈수록 그만큼
가방에 애정도 생긴답니다.

이제 세로로 길다란 원단이 필요해요. 지퍼가 달
릴 부분이에요. 안감에 접착솜을 넣고 겉감과 마
주 박아 뒤집어준 상태예요. 'ㄷ'자 둘레의 길이만
큼 원단을 준비해주면 된답니다. 같은 길이의 롱
지퍼도 준비해주세요

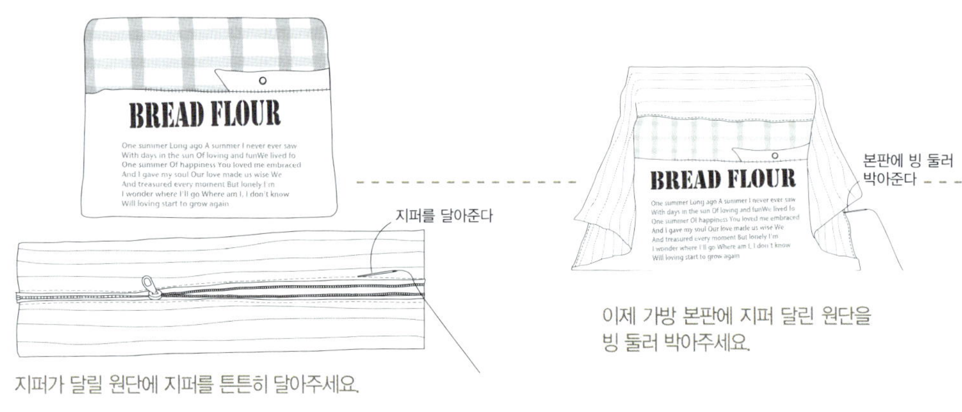

지퍼가 달릴 원단에 지퍼를 튼튼히 달아주세요.

이제 가방 본판에 지퍼 달린 원단을
빙 둘러 박아주세요.

자, 여기까지 완성된 모습.

빈티지한 질감의 살짝 빛 바랜 가죽 끈을 달아보았
어요. 이 우유빛 가죽 끈에 반했답니다. 부디 가방
끈 회사들이 여러 빛깔의 가죽 끈을 많이 만들어주
면 좋겠다는 바람이 생겨요.

끝까지 연결된 지퍼부분을 감추기 위해 양쪽에 청포켓을
달았습니다. 마무리로 청포켓 윗쪽 부분에다 지퍼가 더
밑으로 내려가지 못하도록 지퍼와 포켓이 맞닿는 부분을
돌림 박음질로 튼튼히 고정해주었어요.

완성! 꼼꼼하게 퀼팅된 밑바닥이 마음에 듭
니다. 노란 실땀이 발랄해 보이지 않나요?

썸머 방수 파우치

아이는 얼음을 꽝꽝 얼린 물통을

여기에다 꼭 넣어 다니려고 한다.

파우치 안에 송글송글 물방울이 묻어나는 게 신기한가 보다.

라미네이팅 원단의 서걱거리는 질감은

역시 여름에 잘 어울리는 것 같아.

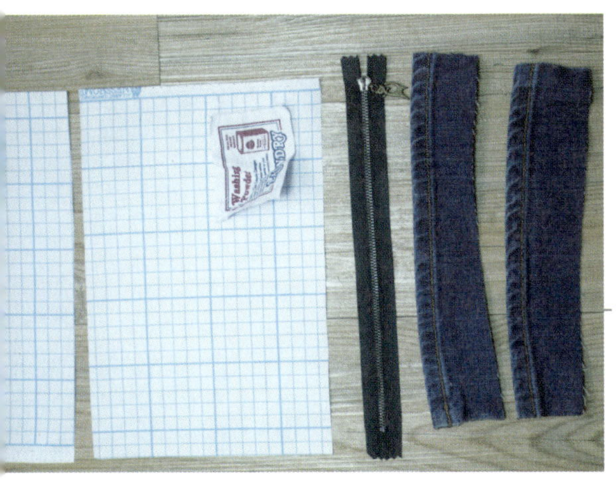

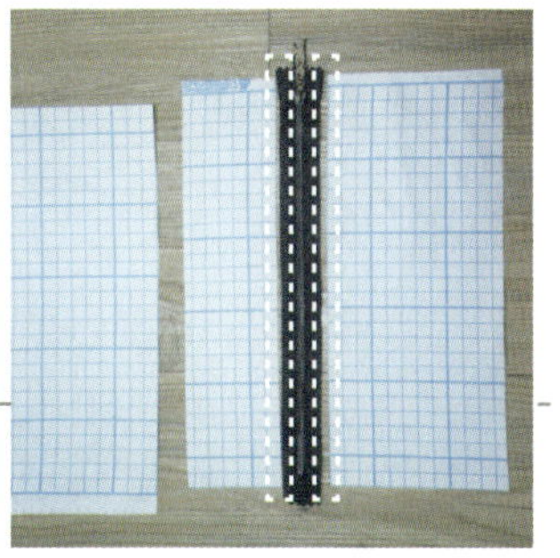

무광 라미네이팅 원단과 지퍼, 자투리 청 원단을 준비합니다.

지퍼를 방수 라미네이팅 원단에 달아주
세요.

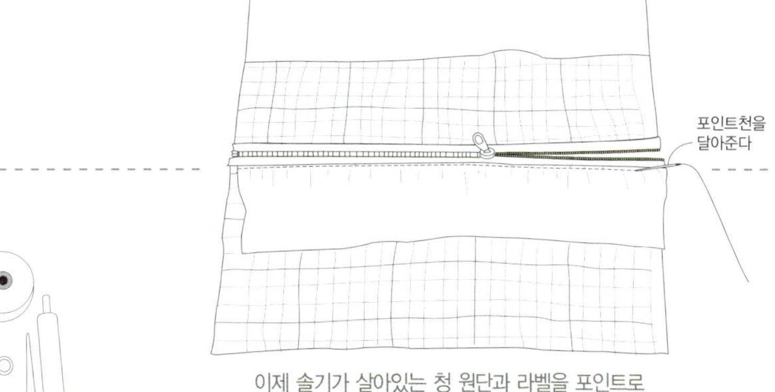

이제 솔기가 살아있는 청 원단과 라벨을 포인트로
적당한 위치에 멋스럽게 달아주세요.

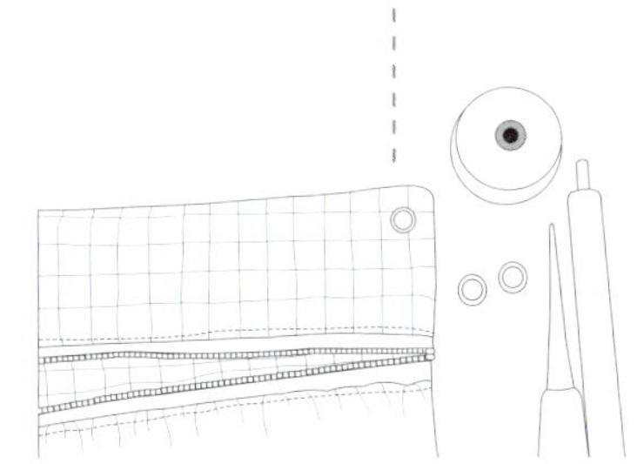

파우치 위쪽 가장자리에
는 아일렛 구멍을 뚫어줄
게요.

아일렛 구멍에 긴 가죽줄을 매달
은 청동 가방고리를 끼워주세요.
자, 파우치가 완성되었네요.

청포켓 쇼핑 컨버스 백

크게 펼쳐서 숄더 쇼핑백으로 들 수도 있고…….

가볍게 반 접어서 헐렁하게 크로스 백으로도 맬 수 있는,

조금은 특별한 쇼핑 가방!

자, 만드는 과정이 나갑니다!

살짝 워싱된 느낌의 컨버스 천과 스트라이프 리넨,
와플지를 준비합니다. 작아졌거나 안 입는 청바지도
있다면 살짝 준비해보세요.

가방의 메인 몸통이 될 위쪽 컨버스 천과 안
감용으로 쓰일 와플지, 그리고 가방 끈으로
쓰일 아래 컨버스 천을 원하는 사이즈대로 재
단하세요.

가방 앞판에는 청바지 포켓을 달아 포인트를 줬답니다.

가방 속에도 수납을 위해
리넨 포켓을 하나 큼직하게
달아줄게요.

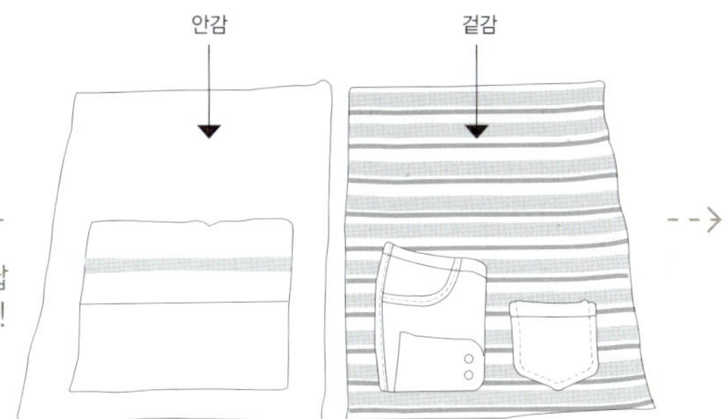

그러면 안감과 겉감의 수납
주머니가 모두 만들어졌네요!

이제 같은 원단으로 숄더용 가방 끈 2개와 크
로스 끈 1개를 만듭니다. 이때 내추럴한 텍도
포인트로 달아주세요.

이제 변신, 합체만이 남았네요.

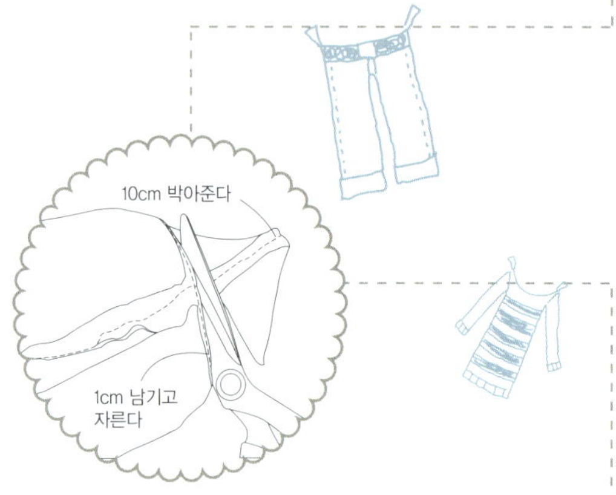

안감, 겉감 모두를 밑바닥 10cm씩을
잡아 박아준 뒤 잘라줍니다.

이제 안감을 겉감 속으로
쏘옥 넣어주세요.

위치를 잘 잡아서 숄더용 가방 끈을
앞, 뒤로 달아주세요.

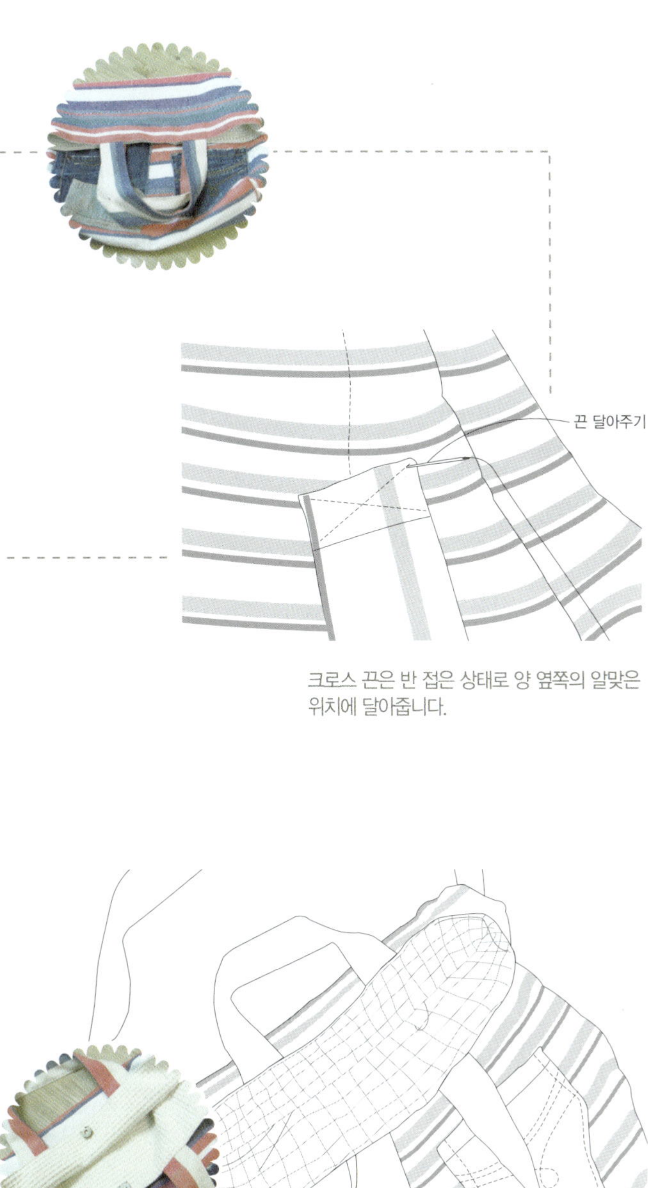

크로스 끈은 반 접은 상태로 양 옆쪽의 알맞은
위치에 달아줍니다.

마지막으로 여밈 똑딱
버튼 달아서 완성!

냉장고 손잡이 커버

이제 살짝쿵 변신한 냉장고에 '빈티지'한 그 느낌을 더해주기 위해

냉장고 손잡이 커버를 만들기로 했다.

손잡이 커버의 크기는 냉장고 손잡이의 길이와 품에 따라

맞춰 재단하면 되니 어렵지 않다(내가 만든 완성품 사이즈: 16*40cm).

나는 냉장고의 색과 통일감을 주기 위해 겉감은 블루 체크 리넨,

그리고 안감을 도톰한 퀼팅 원단으로 결정했음!

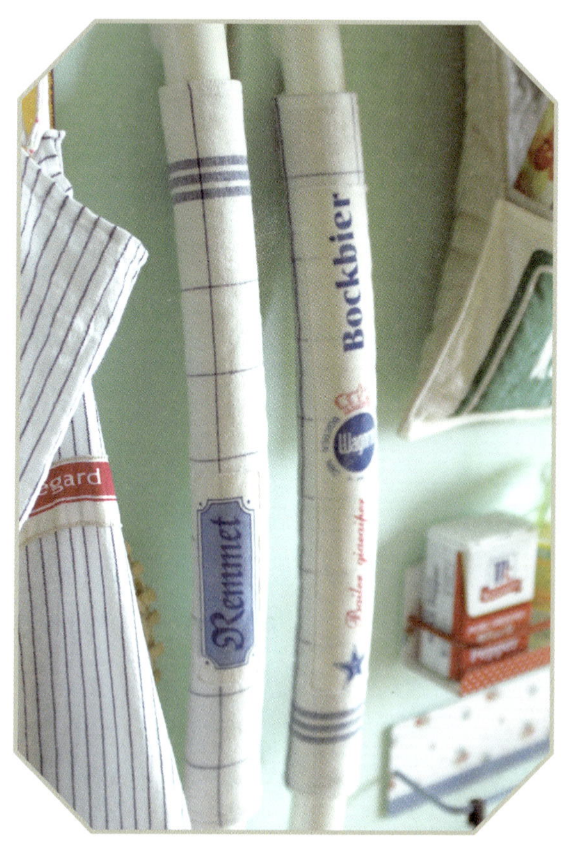

재단한 원단을 준비합니다.

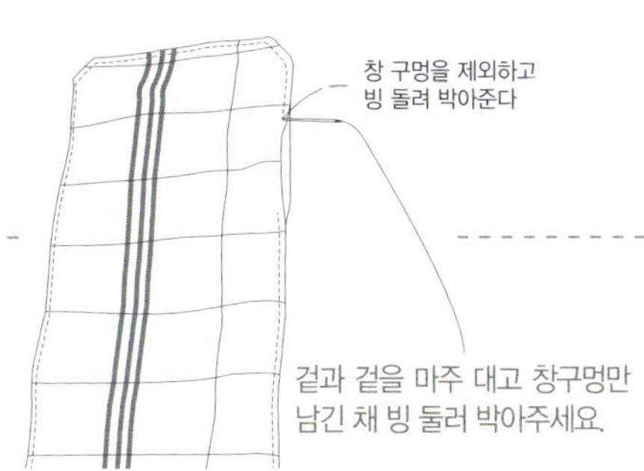

겉과 겉을 마주 대고 창구멍만
남긴 채 빙 돌려 박아주세요.

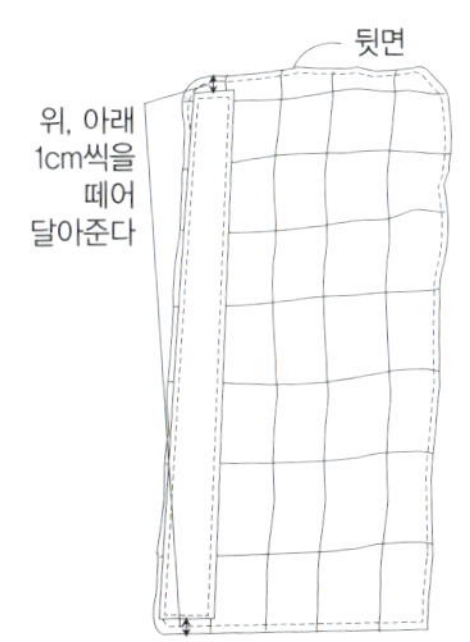

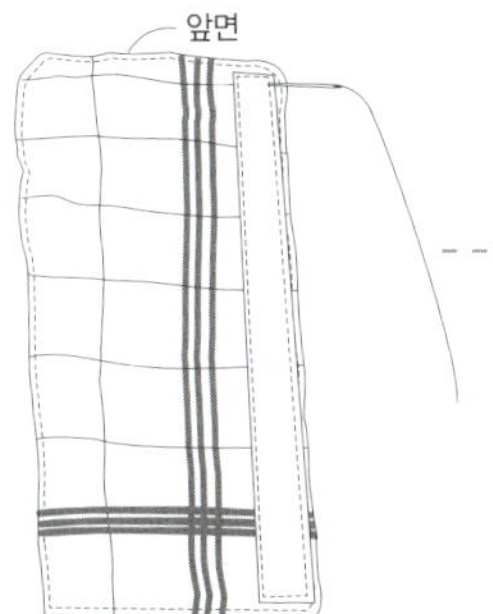

벨크로를 달 때에는 커버의 위
와 아래 1cm씩을 각각 떼어 길
게 달아줍니다. 벨크로는 암수
가 따로 있으니 완성한 모양대
로 둥글게 여몄을 때 암수가
잘 만나 딱 붙을 수 있도록 각
각 앞면과 뒷면에 주의하여 달
아줘야 한답니다.

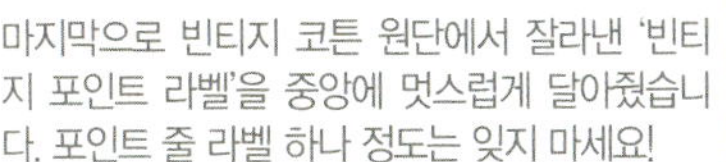

이제 창구멍 쪽으로 뒤집어서 예쁘게 눌러서 박아
줍니다. 그리고 냉장고 손잡이에 꽉 달라붙을 수
있도록 양쪽에 벨크로를 달아주세요.

마지막으로 빈티지 코튼 원단에서 잘라낸 '빈티
지 포인트 라벨'을 중앙에 멋스럽게 달아줬습니
다. 포인트 줄 라벨 하나 정도는 잊지 마세요!

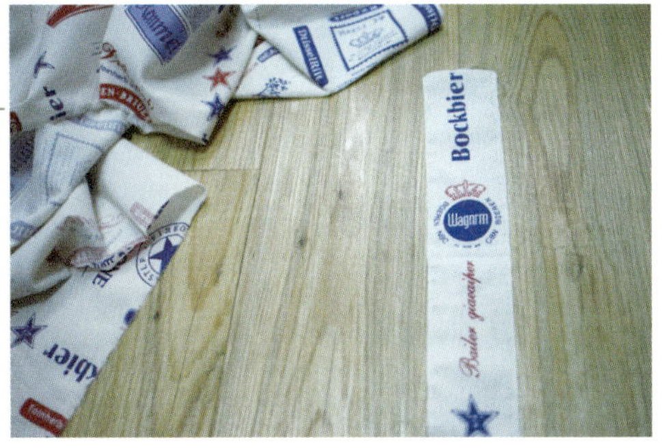

패치커튼

이토록 사랑스러운 커튼을 만드는 방법은

다소 까다로울 것만 같지만 사실 이보다 쉬울 수 없다!

거실 창이나 벽에 무심히 걸어두면

이만큼 멋지게 효과가 좋은 소품이 없을 것.

바람이 불면 바람과 함께 춤을 추고 싶게 만드는

그 나풀거림을 당신과 나누고 싶어요!

패치커튼을 만드는 법은 생각보다 정말 쉽다. 우선 원단을 조각 조각 재단하는 일이 최대 관건이라고 할 수 있는데, 탄탄한 커팅 매트를 바닥에 깔아놓고 날카로운 로터리 커터로 10장 정도의 조각 원단을 단박에 잘라주는 게 중요하다.
안전 커버를 열어젖힌 로터리 커터는 무지 위험한 물건이니 재단 시 온 정신을 집중시킬 것!

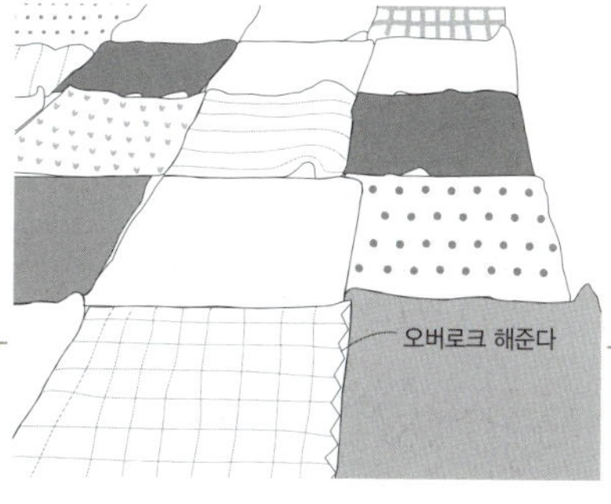

재단한 조각 원단들을 원하는 대로 가로와 세로를 맞춰 알맞게 컬러 배열시킨 뒤 '주루룩' 하나씩 박고 오버로크, 하나를 또 박고 오버로크, 그렇게 박은 한 단씩 아래로 다시 이어 박으면서 또 오버로크, 또 한 단을 이어 박으며 오버로크……

이렇게 작업이 끝난 패치 커튼은 마지막으로 가장자리를 쭉 둘러서 한 번 더 오버로크를 친 다음 0.7cm의 시접을 접어 마무리 박음질만 해주면 완성이에요.

설명은 다소 복잡해 보이지만 직접 해보면 알게 된답니다. 생각보다 금방 끝나서 허탈해질지도 모르지만요.

마초 파우치

솔리드 리넨에는 질박한 느낌이 있다.

아무래도 요즘은 '자연주의'가 대세 아니겠냐구.

살짝 남성적인 느낌이 들면서도 '유기농'의 느낌을 놓치지 않도록 고려하며

이것저것 내 마음대로 천을 골라본다.

그러다가 60년대 흑백영화 속에서 흘러나오던 성우의 목소리를 흉내 내며

한껏 과장되게 떠들어본다. "누나 못 믿니?"

원하는 만큼 재단한 원단을 삐뚤빼뚤하게 패치해나갑니다.
파우치 가로 사이즈는 지퍼의 가로 길이에 맞추어 결정하세요.

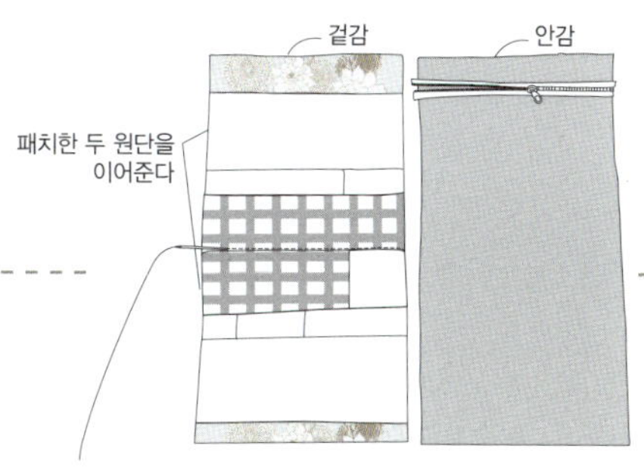

위의 겉감 패치 원단 두 장을 길게 세로로 붙여 박아주고 안감 또한 같은 크기로 준비합니다. 저는 안감을 도톰하면서도 무게감 있는 가죽 원단으로 골라봤어요.

안감과 겉감 겉끼리 마주 댄 뒤, 위와 아래 양쪽 끝 단을 1cm 시접으로 박아줍니다.

뒤집어서 상침질을 해주세요.

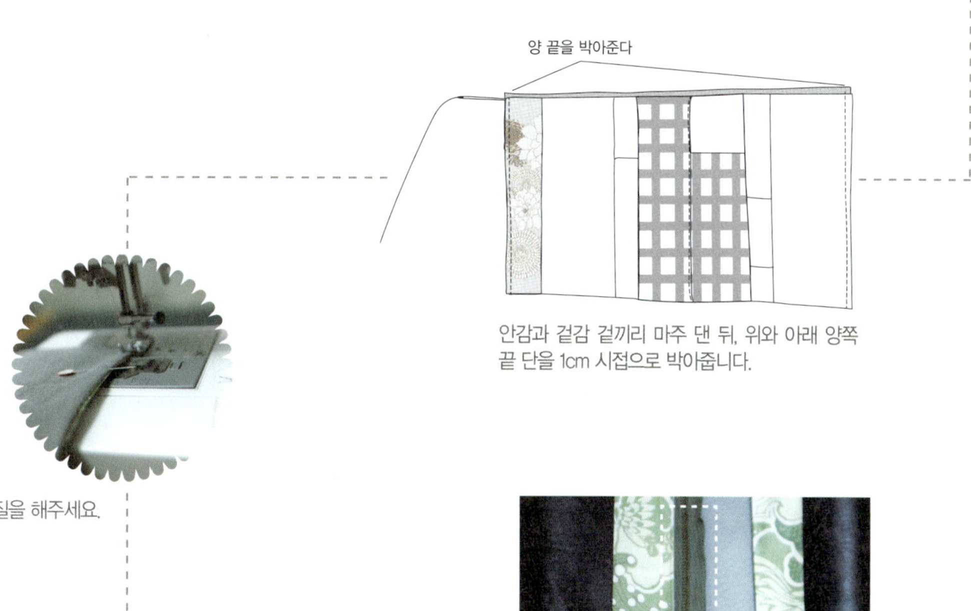

지퍼를 달아줄게요.

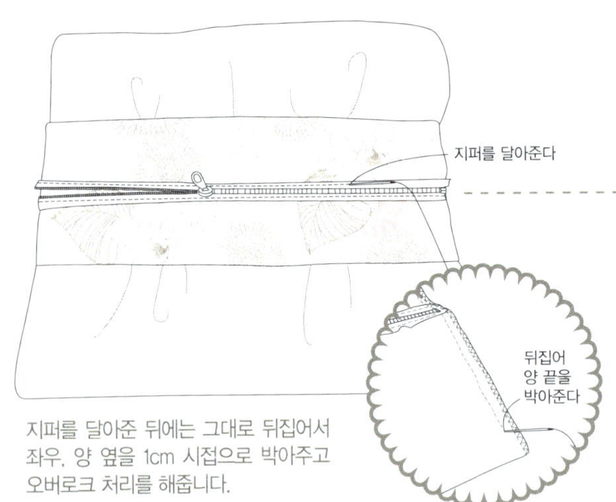

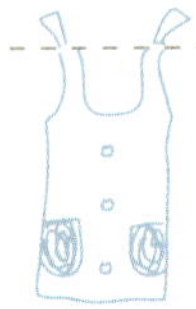

지퍼를 달아준 뒤에는 그대로 뒤집어서 좌우, 양 옆을 1cm 시접으로 박아주고 오버로크 처리를 해줍니다.

마감질을 바이어스로 처리하면 야무지고 꼼꼼하게 정리되지만 대강 오버로크로 처리해도 좋습니다.

이렇게 지퍼를 중심으로 양 끝을 세모 모양으로 접습니다. 그리고 원하는 크기대로 박아서 잘라주세요. 얼만큼의 크기로 만드느냐에 따라 파우치 모양도 달라지겠죠?(저는 우선 10cm 크기로 만들어 보았어요.)

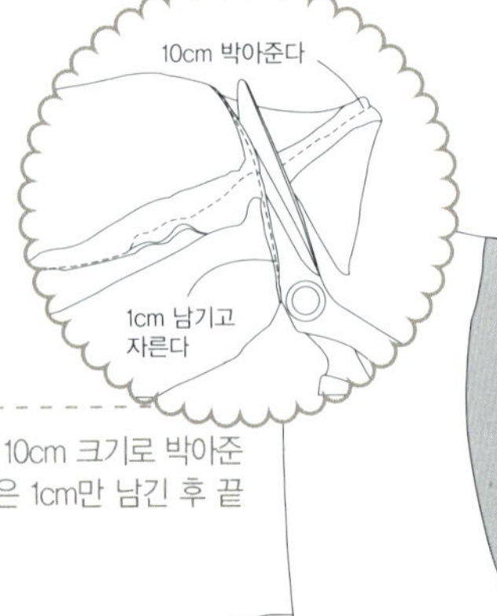

네 귀퉁이 모두를 10cm 크기로 박아준 모습입니다. 시접은 1cm만 남긴 후 끝단을 잘라주세요.

잘린 끝단은 이렇게 촘촘하게 오버로크로 마무리!

짠! 완성작품 탄생!

액세서리 포켓 벽걸이

물건을 잘 잃어버리고 다녀서 서러운 나에게는
정말 꼭 필요한 소품이다.
수납과 장식의 역할을 모두 잘 해내니까 일석이조.
어지간한 액세서리나 단추 같은 것들은
탈출하지 못하도록 여기에 수배해두니까 딱이다.

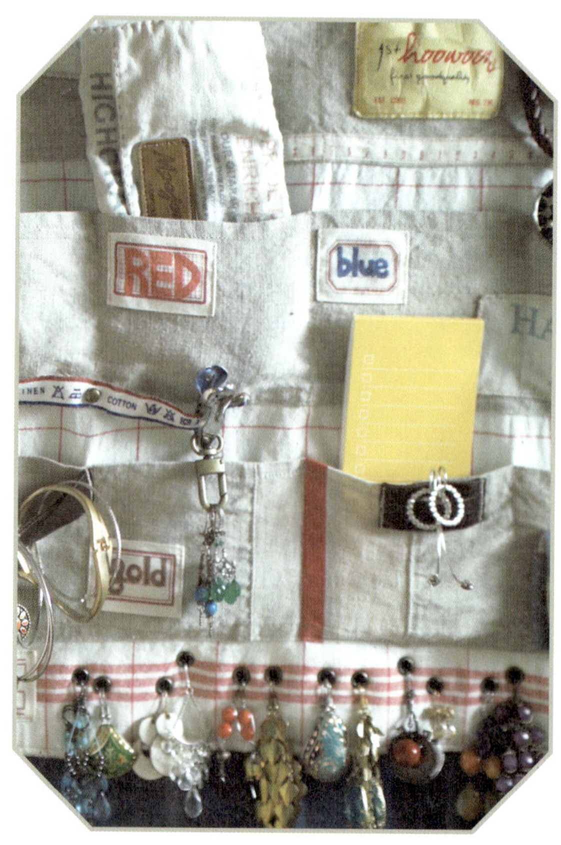

걸었을 때 배경이 되는 벽과 어울리는 색상으로
원단을 고르셨나요?

몸통이 될 부분과 포켓용 원단을 각각
적당한 사이즈로 재단해주세요.

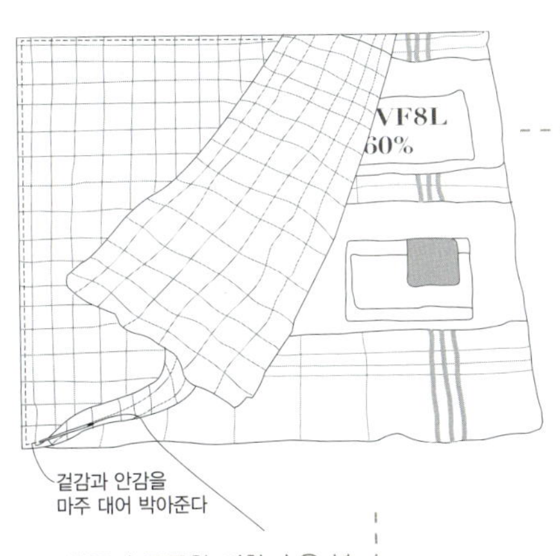

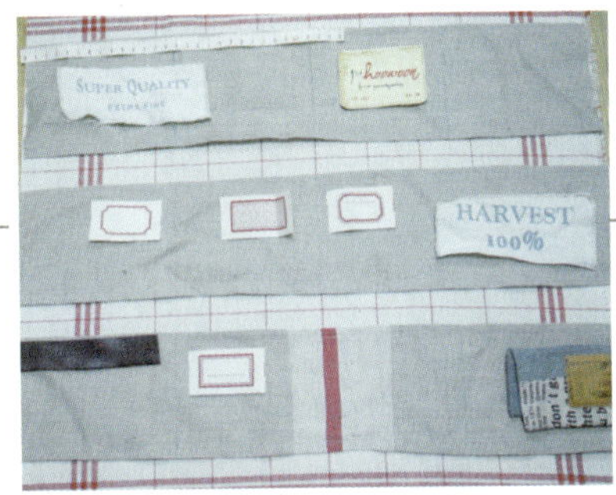

한쪽에 두툼한 접착 솜을 붙
이고 겉감과 안감의 겉과 겉
끼리 마주 대게 합니다.
그리고 창구멍만 남겨 주루룩
돌려 박아주세요.

센스를 발휘하여 재미난 디자인을 팡팡 터뜨리는
시간! 이곳 저곳 포인트 라벨과 가죽 끈, 리넨 테입
등을 재치 있게 달아주세요. 견출지 라벨을 이용,
포켓 앞에 액세서리가 담길 자리에 이름을 붙여주
면 우왕좌왕 액세서리가 섞일 일도 없겠죠?

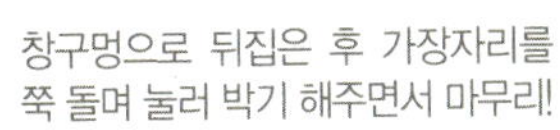

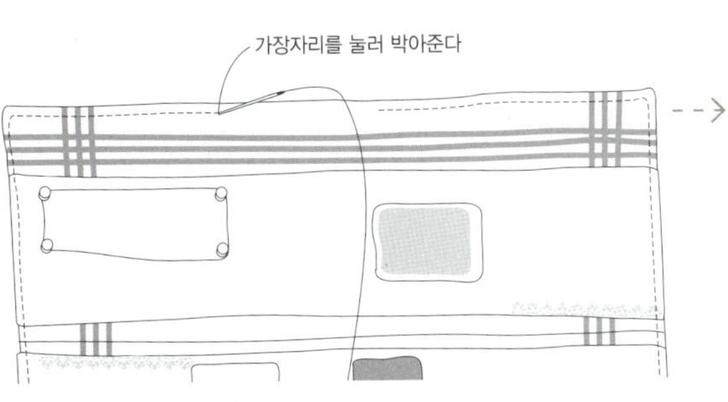

창구멍으로 뒤집은 후 가장자리를
쭉 돌며 눌러 박기 해주면서 마무리!

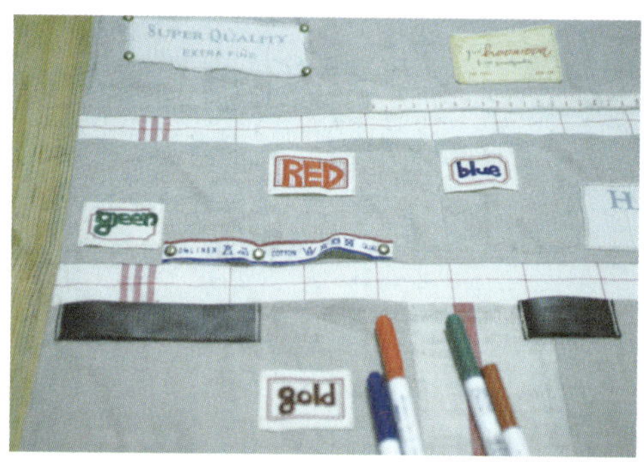

견출지 라벨이 포인트인 만큼 패브릭 펜슬을 이용, 귀엽게 손글씨를 써주세요. 귀걸이는 물론 반지나 팔찌, 머리 핀 같은 자잘한 액세서리들을 컬러 별로 나누거나 아이템 별로 나눌 수 있지요.

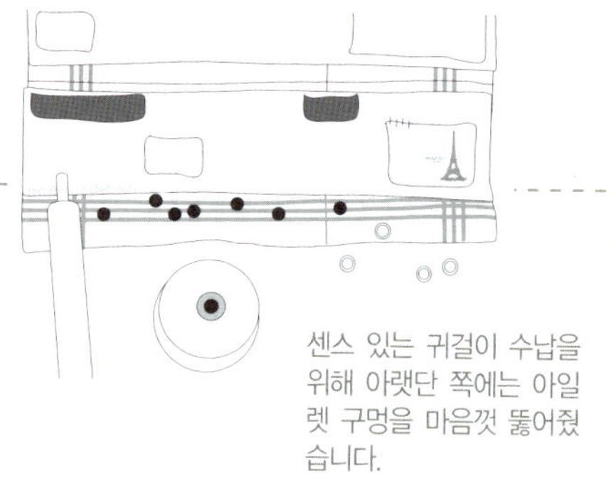

센스 있는 귀걸이 수납을 위해 아랫단 쪽에는 아일렛 구멍을 마음껏 뚫어줬습니다.

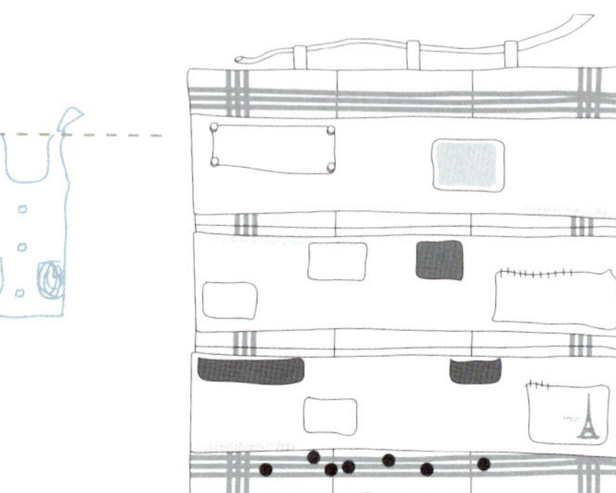

삐쭉 빼쭉 제멋대로 아일렛 구멍을 뚫어봤어요.

맨 위에다 리넨 테입으로 고리를 세 개쯤 달아 주고 나뭇가지와 가죽 끈을 이용해 벽이나 문 뒤에 걸어주세요.

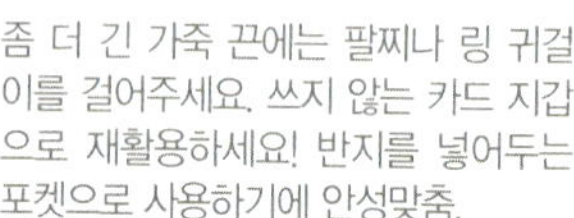

좀 더 긴 가죽 끈에는 팔찌나 링 귀걸이를 걸어주세요. 쓰지 않는 카드 지갑으로 재활용하세요! 반지를 넣어두는 포켓으로 사용하기에 안성맞춤.

그리고 이렇게 액세서리를 걸면!

짜잔!

epilogue

'빈티지'가 뭐 별건가요?

조금씩 손때가 묻고 낡아가며 나와 가장 가까운 데에서 함께 나이 들어가는 물건들,

또 기억들이 바로 모두 '빈티지'일 거예요.

인생에 있어 가장 행복한 기억의 순간들을 꺼내 보면 공통점이 있는 것 같아요.

그것들은 어찌 보면 참 대단하지도 않은 이야기들이죠.

아이가 첫걸음을 떼던 순간에 놀라 환호하던 기억.

생일이나 기념일도 아닌데 불쑥 꽃다발과 선물을 내미는 남편의 멋쩍었던 표정.

처음으로 삐뚤빼뚤한 손바느질로 손가방 만들어내느라 고생했던 때.

일상 속에 행복이 다 녹아있네요.

행복한 장면들은 가만 보면 무슨 특별하거나 대단한 것들이 아니라

무지 소소한 것들로부터 오나 봐요.

핸드메이드도 마찬가지인 것 같아요.

어떤 복잡한 아이디어를 가지고 어려운 방법으로 공들여서 대단한 작품을 만들 필요는 없답니다.

조금 못생기고 찌그러졌어도 내 손으로 만든다는 즐거움이 얼마나 크던가요.

작은 소품도 하나씩 만들다 보면

거기서 작지만 즐거운 변화가 생기더라는 핸드메이드 선배님의 말씀입니다! 하하.

꼼지락거리며 만들다 보면 신기하게도

나를 닮은 물건들이 떡하니 탄생해 있는 사실을 알 수 있을 거예요.

오늘, 바로 지금 이 순간에도 내가 꿈꾸는 헐렁하고 빈티지한 핸드메이드란
의무도 형식도 그 어떤 제한도 아닌 바로 당신 그 '자신'!
누구나 만들 수 있지만 당신이 만들지 않으면 오롯이 내것이 아닌 그 '무엇'!
나에게 의미 깊은 물건들을 내 안의 느낌으로 풀어헤쳐
다시 내 식의 감각으로 재창조하는 그 기쁨!
이 기쁨을 보다 많은 이들이 느끼고, 나누고
또 함께 일상으로 마음껏 즐겨주길 바라며
짧은 꼼지락 여행을 마쳐봅니다.

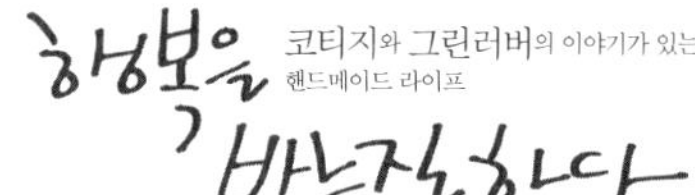

펴낸날   초판 1쇄   2011년 1월 21일
         초판 2쇄   2011년 2월 7일

지은이   김지해, 윤정숙
펴낸이   심만수
펴낸곳   (주)살림출판사
출판등록 1989년 11월 1일 제9-210호

경기도 파주시 교하읍 문발리 파주출판도시 522-1
전화   031)955-1350   팩스   031)955-1355
기획 · 편집   031)955-4671
http://www.sallimbooks.com
book@sallimbooks.com

ISBN   978-89-522-1539-0   13590

※ 값은 뒤표지에 있습니다.
※ 잘못 만들어진 책은 구입하신 서점에서 바꾸어 드립니다.

책임편집 박종훈